JN082624

アネルズあづさ 著

香りを楽しむ特徴がわかる アロマ図鑑

ナツメ社

PROLOGUE

　みなさんは、香りで何か気分が変化した時に、なぜ香りは私たちを心地よくさせたり、元気を出したり、勇気づけや支えになってくれたり、眠れたり、安心したりするのだろうと、考えたことはありませんか？

　毎日の生活の中で当たり前に流れ、感じているからこそ、香りについては深く考えないものですが、「なぜかわからないけど、香りが好き！」というスタートから、年齢を経て不調和を感じ始めた時、精油の香りを感じてアロマセラピーに興味を持たれる方が多いようです。

　私自身は、大学時代の競技生活の中でメンタルトレーニングとして精油の活用を行う研究を知ったのがきっかけでした。その後、「香り」が気になりすぎて1997年、ロンドンに「香り」を学びにいくことを決めたのです。

　当時Aroma97というカンファレンスがイギリスのWarwick大学で開催されていました。そこに参加したことで、後に恩師となる先生との出会いがありました。そして2000年には、初めて学校の研修プログラムに参加し、実際に精油を抽出する農家の方々へ触れる機会に恵まれました。このことが現在オーガニック認証の精油を買い付け、実際に足を運んで農家の方と話をし、植物を自分の目で確かめる重要性を感じる、大きなきっかけとなりました。アロマセラピストにとって、「精油」の品質や鮮度をどのように保ち、その1つ1つを手に取る方々が「香り」を体感していただけるような製品をお届けすることも大切な役割だと感じました。最初は様々な方々にサポートをいただきながら開拓した農家でしたが、今では世界中のオーガニック認証農家のネットワークの中でご紹介をいただくことが増え、直接、各農家から、情報をいただけるようになりました。そして、このような精油の買い付けやオーガニック認証制度などの学びから、実際に精油を活用した心身のケア、そして専門的な産婦人科分野や虐待ケアまで、活動範囲を広げてきました。私自身も、アロマセラピーの教育と、各農家で撮り溜めた写真を通して、そのすべてをみなさんと共有したいと日々願っています。

　2006年に日本で初めて「精油ブレンド学」という連載をある雑誌で始めてから、その「精油ブレンド学」を学校のコースで活用しました。精油を組み合わせてブレンドすることは、「良い香りを作る」ことだけが目的ではありません。目の前にいる相手や自分自身をどのように捉え、その感覚をどのように理解して精油を選定するかが重要で、好きな味を味わうように香りを提供できるか? という目的があります。そのためには、「精油を混ぜる」スキルだけではなく、様々な角度で心身の理解や精油を活用する学びが大切となってきます。

　香りは、まず嗅覚に届き、私たちの心と身体に触れていきますが、私自身は人間が捉えているその「嗅覚」という仕組を軸として、生理学的な理解とアロマセラピーの研究を進めています。嗅覚はまだ新しい学問であり、解明されていないことが山積みです。だからこそ、現在精油で理解できている化学や働きだけでは、十分に精油を説明することができていません。化学では解明できないその感覚や働き、目に見えないものをどれだけ私たちが理解するために可視化できるのか? 私たちはどのような精油のブレンドバランスを必要としているのか? 私自身も課題が尽きることなく、それを学びたいという一心で進んでいます。

五感に触れて感じる香りが 人の気持ちを動かし 人の身体を動かし 人の感覚に残る

　これは2000年から私自身がお伝えし続けている言葉です。
　本書でも様々な要素をみなさんに伝えることができればと思います。どんなに時を経ても、いつも必ず感じ続けていることは、「香りを楽しむこと」です。そして楽しめる香りを届け続け、伝え続けていきたいと願っています。

　　　　　　　　　　　　　　　　　　　　　　　アネルズあづさ

CONTENTS

002　PROLOGUE
008　精油の探し方—香りで探す
012　精油の探し方—ノートで探す
014　アロマセラピーを始める前に読んでください。

015　Chapter1　精油の基礎知識

016　**精油ってなに？**
018　Column・市販のハーブと精油は原料となる植物の量が大きく異なります
020　同じ種の植物でも、生育環境によって成分が異なるケモタイプ
021　**精油の抽出方法**　●水蒸気蒸留法
022　　●圧搾法　●溶剤抽出法
023　　●アンフラージュ法　二酸化炭素液化抽出法
024　**精油の選び方・扱い方**
025　精油の注意事項
　　　Column・精油のオーガニック認証は
　　　厳しい基準がもうけられています
026　精油の飲用について
027　**精油についてのQ&A**

030　Chapter2　精油ガイド 90

032　**ブレンディングに大切なノートとは？**
033　精油のノートと特徴
034　精油ガイドの見方・使い方
035　作用の説明

037　**TOP** トップノート

038　オレンジスイート
040　ベルガモット
042　グレープフルーツ
044　レモン
046　グリーンレモン
047　シトロン
048　レッドマンダリン
049　グリーンマンダリン
050　ライム
051　クレメンティン
052　ゆず
053　アロマの使い方①　●芳香浴
054　●吸入

055 **TOP·MIDDLE** トップ・ミドルノート

056 ローズマリーシネオール	082 レモングラス
058 ローズマリーカンファー	083 シトロネラ
059 ローズマリーベルベノン	084 メイチャン
060 ユーカリプタス ラディアータ	085 パインスコッツ
062 ユーカリプタス グロブラス	086 スプルースブラック
063 ユーカリプタス シトリアドラ	087 ラベンサラ
064 ラベンダースパイク	088 シナモンリーフ
066 ラバンディン	089 ウインターグリーン
068 ティートリー	090 コリアンダーリーフ
070 ロザリナ	091 月桃
071 ニアウリ	092 トドマツ（モミ）
072 カユプテ	093 メリッサ
073 レモンティートリー	094 ネロリナ
074 フラゴニア	095 ホワイトクンジィア
076 レモンペティグレン	096 ジンジャー
077 バジル	098 ブラックペッパー
078 ペパーミント	100 カルダモン
079 スペアミント	101 アロマの使い方② ●アロマバス
080 コーンミント（和ハッカ）	102 ●手浴・足浴
081 レモンマートル	

103 **MIDDLE** ミドルノート

104 ゼラニウム	122 オレンジペティグレン
106 ラベンダー（真正）	123 マンダリンペティグレン
108 ジャーマンカモミール	124 フェンネル
110 マージョラム	125 ローレル
112 クラリセージ	126 マートル
114 サイプレス	127 パルマローザ
116 ジュニパーベリー	128 クローブ
118 タイムリナロール	129 ヤロー
119 タイムゲラニオール	130 クロモジ（黒文字）
120 タイムティモール	131 アロマの使い方③ ●湿布
121 ペティグレン	132 アロマの使い方④ ●ハウスキーピング

133 **MIDDLE·BASE** ミドル・ベースノート

134 ローズ	142 ネロリ
（ローズ オットー、ローズ アブソリュート）	144 リンデンブロッサム
136 イランイラン	145 シナモンバーク
138 ローマンカモミール	146 フランキンセンス
140 ジャスミンサンバック	148 アロマの使い方⑤ ●スキンケア
141 ジャスミングランディフローラム	

151 **BASE** ●ベースノート

152	サンダルウッド	161	コーヒー
154	シダーウッド	162	カカオ
155	ベティバー	163	ブッダウッド
156	パチュリ	164	ブルーサイプレス
157	ベンゾイン	165	ヒバ(ヒノキアスナロ)
158	ミルラ	166	ヒノキ
160	バニラ		

---

167 Chapter3　植物油の基礎知識

168 **植物油ってなに?**
169 **植物油の抽出方法**
　●低温圧搾法　●加熱圧搾法
170 **植物油に含まれる脂肪酸**
171 ●不飽和脂肪酸
172 ●飽和脂肪酸

173 **植物油のスキンケア効果**
　Column・知っておきたい
　スキンケアに関する用語
174 植物油の保管方法

---

175 Chapter4　植物油ガイド 25

176	アプリコットカーネル油	189	スウィートアーモンド油
177	アボカド油	190	セサミ油
178	アルガン油	191	ツバキ油
179	イブニングプリムローズ油	192	ヘーゼルナッツ油
180	ウイートジャーム油	193	ヘンプシード油
181	ウオールナッツ油	194	ホホバ油(ワックス)
182	オリーブ油	195	ボラージ油
183	グレープシード油	196	マカダミア油
184	ココナッツ油	197	ライスブラン油
185	サフラワー油	198	ローズヒップ油
186	サンフラワー油	199	カレンデュラ油(浸出油)
187	シアバター	200	セントジョーンズウォート油(浸出油)
188	シーバックソーン油		

---

201 Chapter5　精油のブレンディング

202 精油をブレンドするということ
204 精油の化学成分の基礎知識
205 8つの化学成分と含まれる精油

206 精油の化学成分分類表
208 **ブレンディングを**
　実践しましょう

213　Chapter6　アロマセラピーの基礎知識

214	アロマセラピーの歴史	219	●呼吸からの働き
217	香りの心身への働きと メカニズム	220	●皮膚を通した働き
	●嗅覚（鼻）からの働き	221	香りを感じる・触れる・視る

223　Chapter7　アロマセラピーセルフマッサージ

224	アロマセラピーマッサージの 基礎知識		
225	アロマセラピーマッサージを行う前に…		
226	マッサージオイルの希釈濃度		
227	マッサージオイルのつくり方と使い方		
228	頭		
230	顔		
233	首		
234	デコルテ		
235	肩		
236	腕	242	脚
238	手	244	足
240	おなか	246	背中
241	Column・「おなかがはっている感じ」、 その原因は？	248	ヒップ

249　Chapter8　悩み別 精油のブレンドレシピ

250	頭痛・目の疲れ	259	手足のむくみ
251	鼻づまり・花粉症	260	ニキビ・皮脂のバランスの崩れ／ 日焼け・美白・シミ・しわ・乾燥
252	のどの痛み・せき		
253	風邪・インフルエンザ	261	疲労感・精神疲労・不安感・不眠
254	胃のもたれ・むかつき・胃痛	262	倦怠感・気分のむら
255	膨満感・便秘・下痢	263	PMS・月経痛
256	免疫力アップ	264	更年期とは？
257	呼吸を整える	267	更年期
258	冷え・こむらがえり・肩こり		

| 268 | 50音順 精油の索引＆症状別セルフケアリスト |

香りで探す

本書で紹介した90種類の精油を香りの系統ごとに一覧表にしました。

❀ シトラス系

オレンジスイート
❀ P38

グリーンマンダリン
❀ P49

グリーンレモン
❀ P46

グレープフルーツ
❀ P42

クレメンティン
❀ P51

シトロン
❀ P47

ベルガモット
❀ P40

ゆず
❀ P52

ライム
❀ P50

レッドマンダリン
❀ P48

レモン
❀ P44

🍃 ハーバル系

ウインターグリーン
🍃 P89

オレンジペティグレン
🍃 P122

カユプテ
🍃 P72

クラリセージ
🍃 P112

月桃
🍃 P91

コーンミント
（和ハッカ）
🍃 P80

コリアンダーリーフ
🍃 P90

サイプレス
🍃 P114

ジュニパーベリー
🍃 P116

スプルース
ブラック
P86

スペアミント
P79

タイム
ゲラニオール
P119

タイム
ティモール
P120

タイム
リナロール
P118

ティートリー
P68

トドマツ(モミ)
P92

ニアウリ
P71

パインスコッツ
P85

バジル
P77

フラゴニア
P74

プティグレン
P121

ペパーミント
P78

ホワイト
クンジィア
P95

マージョラム
P110

マートル
P126

マンダリン
プティグレン
P123

メリッサ
P93

ヤロー
P129

ユーカリプタス
グロビュラス
P62

ユーカリプタス
シトリアドラ
P63

ユーカリプタス
ラディアータ
P60

ラバンディン
P66

ラベンサラ
P87

ラベンダー
スパイク
P64

レモン
ペティグレン
🍃 P76

ローズマリー
カンファー
🍃 P58

ローズマリー
シネオール
🍃 P56

ローズマリー
ベルベノン
🍃 P59

ローレル
🍃 P125

ロザリナ
🍃 P70

スパイス
系

カカオ
🍂 P162

カルダモン
🍂 P100

クローブ
🍂 P128

コーヒー
🍂 P161

シトロネラ
🍂 P83

シナモンバーク
🍂 P145

シナモンリーフ
🍂 P88

ジンジャー
🍂 P96

バニラ
🍂 P160

フェンネル
🍂 P124

ブラックペッパー
🍂 P98

メイチャン
🍂 P84

レモングラス
🍂 P82

レモン
ティートリー
🍂 P73

レモンマートル
🍂 P81

フローラル
系

イランイラン
🌸 P136

クロモジ
(黒文字)
🌸 P130

ジャーマン
カモミール
❀ P108

ジャスミングランディ
フローラム
❀ P141

ジャスミン
サンバック
❀ P140

ゼラニウム
❀ P104

ネロリ
❀ P142

ネロリナ
❀ P94

パルマローザ
❀ P127

ラベンダー（真正）
❀ P106

リンデン
ブロッサム
❀ P144

ローズ（ローズ オットー、
ローズ アブソリュート）
❀ P134

ローマン
カモミール
❀ P138

ウッディ
系

サンダルウッド
❀ P152

シダーウッド
❀ P154

パチュリ
❀ P156

ヒノキ
❀ P166

ヒバ（ヒノキアスナロ）
❀ P165

ブッダウッド
❀ P163

ブルーサイプレス
❀ P164

ベティバー
❀ P155

レジン
系

フランキンセンス
▭ P146

ベンゾイン
▭ P157

ミルラ
▭ P158

011

ノートで探す

本書で紹介した90種類の精油のノートを一覧表にしました。ブレンドする際は、それぞれのノートの精油がバランス良く含まれるようにしましょう。

※ノートに関する詳しい解説はP32〜33をご覧ください。

	精油	ページ	トップ	トップ・ミドル	ミドル	ミドル・ベース	ベース
ア	イランイラン	136				←→	
	ウインターグリーン	089		←→			
	オレンジスイート	038	←→				
	オレンジペティグレン	122			←→		
カ	カカオ	162					←→
	カユプテ	072		←→			
	カルダモン	100			←→		
	クラリセージ	112			←→		
	グリーンマンダリン	049	←→				
	グリーンレモン	046	←→				
	グレープフルーツ	042	←→				
	クレメンティン	051	←→				
	クローブ	128			←→		
	クロモジ（黒文字）	130			←→		
	月桃	091		←→			
	コーヒー	161					←→
	コーンミント（和ハッカ）	080		←→			
	コリアンダーリーフ	090		←→			
サ	サイプレス	114			←→		
	サンダルウッド	152					←→
	シダーウッド	154					←→
	シトロネラ	083		←→			
	シトロン	047	←→				
	シナモンバーク	145				←→	
	シナモンリーフ	088		←→			
	ジャーマンカモミール	108			←→		
	ジャスミングランディフローラム	141				←→	
	ジャスミンサンバック	140				←→	
	ジュニパーベリー	116			←→		
	ジンジャー	096		←→			
	スプルースブラック	086		←→			
	スペアミント	079		←→			
	ゼラニウム	104			←→		
タ	タイムゲラニオール	119			←→		
	タイムティモール	120			←→		
	タイムリナロール	118			←→		
	ティートリー	068		←→			
	トドマツ（モミ）	092		←→			
ナ	ニアウリ	071		←→			
	ネロリ	142				←→	
	ネロリナ	094		←→			
ハ	パインスコッツ	085		←→			
	バジル	077		←→			
	パチュリ	156					←→
	バニラ	160					←→

●トップノートの印象を大切に

香りの印象は最初に香ってくるトップノートまたはトップ・ミドルノートが左右します。ここで好みの香りがしないと、いくらミドルノートやベースノートに好きな香りを使っても、「心地よいブレンド」という印象にはなりません。下記の一覧表を参考に、自分の好みのトップノートまたはトップ・ミドルノートの香りを知ることもブレンディング上達の近道です。

	精油	ページ	トップ	トップ・ミドル	ミドル	ミドル・ベース	ベース
ハ	パルマローザ	127		⇔	⇔		
	ヒノキ	166					⇔
	ヒバ(ヒノキアスナロ)	165					⇔
	フェンネル	124		⇔	⇔		
	ブダウッド	163					⇔
	フラゴニア	074		⇔			
	ブラックペッパー	098		⇔			
	フランキンセンス	146				⇔	
	ブルーサイプレス	164					⇔
	ペティグレン	121		⇔	⇔		
	ベティバー	155					⇔
	ペパーミント	078		⇔			
	ベルガモット	040	⇔				
	ベンゾイン	157					⇔
	ホワイトクンジア	095		⇔			
マ	マージョラム	110			⇔		
	マートル	126			⇔		
	マンダリンペティグレン	123			⇔		
	ミルラ	158					⇔
	メイチャン	084		⇔			
	メリッサ	093		⇔			
ヤ	ヤロー	129			⇔		
	ユーカリプタス グロビュラス	062		⇔			
	ユーカリプタス シトリアドラ	063		⇔			
	ユーカリプタス ラディアータ	060		⇔			
	ゆず	052	⇔				
ラ	ライム	050	⇔				
	ラバンディン	066		⇔			
	ラベンサラ	087		⇔			
	ラベンダー(真正)	106			⇔		
	ラベンダースパイク	064		⇔			
	リンデンブロッサム	144				⇔	
	レッドマンダリン	048	⇔				
	レモン	044	⇔				
	レモングラス	082		⇔			
	レモンティートリー	073		⇔			
	レモンペティグレン	076		⇔			
	レモンマートル	081		⇔			
	ローズ(ローズ オットー、ローズ アブソリュート)	134				⇔	
	ローズマリーカンファー	058		⇔			
	ローズマリーシネオール	056		⇔			
	ローズマリーベルベノン	059		⇔			
	ローマンカモミール	138				⇔	
	ローレル	125			⇔		
	ロザリナ	070		⇔			

アロマセラピーを始める前に読んでください。

精油の扱いには十分注意してください。

●25〜26ページに精油を使う際の注意事項を掲載しています。使用する前にかならず読んでください。

アロマセラピーセルフケアは「治療」ではありません。

●本書では、健康や美容に役立つ様々なアロマセラピーの利用法を紹介していますが、それはあくまで「予防」や「改善」のために行うものであり、「治療」を目的として行うものではありません。

●精油は「医薬品」ではありません。

●妊娠中の方、特定の症状がある方、体調が優れない方、健康状態が気になる方は、まず医師の診断を受けてください。

●本書の著者、出版社は精油を使用して生じた一切の損傷や負傷、そのほかについての責任は負いません。

〈参考文献〉
『The Chemistry of Aromatherapeutic Oils』E.Joy Bowles著(A&U)
『THE ESSETIAL OILS VOLUME I〜VI』GUENTHER著(KRIEGER)
『The Complete Guide to Aromatherapy』Salvatore Battaglia著(The International Centre of Holistic Aromatherapy)
『Essential Chemistry for Safe Aromatherapy』Sue Clarke著(CHURCHILL LIVINGSTONE)
『AROMATHERAPY For HEALING THE SPIRIT』Gabriel Mojay著(GAIA)
『ESSENTIAL OILS』Jennifer Peace Rhind著(SINGING DRAGON)
『ESSENTIAL OIL CROPS』E.A. Weiss著(CAB INTERNATIONAL)
『The complete aromatherapy & essential oils』Nerys Purchon and Lora Cantele著(Robert ROSE)
『LAVENDER』Virginia McNaughton著(GARDEN ART PRESS)
『FRAGRANCE AND WELLBEING』Jennifer Peace Rhind著 (SINGING DRAGON)
『AN INTRODUCTORY GUIDE TO AROMATHERAPY』LOUISE TUCKER著(EMS Publishing)
『CLINICAL MASSAGE THERAPY』James Waslaski著(PEARSON)
『DEEP TISSUE MASSAGE』Art Riggs著(North Atlantic Books)
『MASSAGE THERAPY RESEARCH』Tiffany Filed著(Blackwell Publishing)
『Essential Oil Safety Second Edition』Robert Tisserand・Rodney Young著(CHURCHILL LIVINGSTONE ELSEVIER)
『アドバンスト・アロマテラピー』カート・シュナウベルト著(フレグランスジャーナル社)
『精油の化学』デイビッド・G・ウイリアムズ著(フレグランスジャーナル社)
『アロマセラピーサイエンス』マリア・リス・バルチン著(フレグランスジャーナル社)
『新版 からだの地図帳』佐藤達夫監修(講談社)
『アロマセラピーとマッサージのためのキャリアオイル事典』レン・プライス、シャーリー・プライス、イアン・スミス著(東京堂出版)
『キレイな"からだ・心・肌"女性ホルモン塾』対馬ルリ子・吉川千明著(小学館)
『新編Part2感覚・知覚心理学ハンドブック』大山正・今井省吾・和氣典二・菊池正著(誠信書房)
『嗅覚はどう進化してきたか〜生き物たちの匂いの世界』新村芳人著(岩波書店)
『マタニティ・アロマセラピーコンプリートブック』アネルズあづさ著(BABジャパン)

Chapter

1

精油の基礎知識

精油を正しく効果的に使うために知っておきたい知識を紹介します。

特徴や役割に加え、精油がどう作られるのか、

選び方、注意事項まで、わかりやすく解説します。

精油ってなに？

• • •

青色や茶色の小さな瓶に入った精油。ほんの数滴でも、とても豊かな香りがするその液体は、そもそもなにか？ どうやって得られるのか？ 精油の正体を探ってみましょう。

植物が生きていくために自らつくる物質、それが精油

精油は植物の中の「分泌腺」という部分でつくられ、「油胞」として蓄えられているものです。植物は、花、葉、果実の皮、樹皮、根茎など、様々な部位から香りを放ちますが、その香りのする部位に精油は蓄えられています。その精油が蓄えられた植物の部位を中心に収穫し、21〜23ページで説明しているような、特別な方法で精油は抽出されます。

ただ、植物に日が当たると、その日差しの熱によって分泌腺でつくられた精油は揮発（蒸発）します。揮発してしまうと、抽出する精油の量が減ってしまうため、通常収穫の多くは日差しが強くなる前に行われます。

ではなぜ、植物は自身の中で精油をつくる必要があるのでしょうか。それは、精油が下記のような役割を果たし、精油は植物が自分で身を守り、生きていくために不可欠なものです。

植物における精油の役割

* 生存競争に勝つため
* 病気予防
* 害虫などの回避
* 種の生存・保存維持
* エネルギーの貯蔵
* 情報伝達
* 温度調節
* 水分調節　など

植物の生存・保存維持に重要な役割を果たす精油

左記に述べた精油の役割に「種の生存・保存維持」とありますが、それについて少し詳しく説明しましょう。植物は動物と違って、自ら動き回って生殖活動をすることや栄養を得るために動くことができません。つまり、植物が受粉するためには、ミツバチの力を借りる必要があります。

日差しが当たって精油が揮発し、いい香りを漂わせると、その香りにミツバチをはじめとする様々な虫が反応して集まり、自ら動いて生殖活動をしない植物のために虫たちが受粉をサポートします。このように、精油は植物の種の繁栄を継続するために重要な役割を担っているわけです。こういった植物と虫の関係性は、長い間通常の流れとして行われていました。しかし、近年の環境破壊によって、これまで当たり前に行われていたことが、当たり前でなくなるといった状態にも転じています。精油を活用する私たちは、こういった自然界の根本的な問題にも思いを置くことが大切です。

アロマセラピーで利用するのは天然の植物から得られた精油

天然の植物の生体内でつくられ、そこから特別な方法で抽出されたものが精油です。人工的につくられた成分はもちろんのこと、アルコールや水も一切含まれていません。本書ではアロマセラピーによる様々な効果を紹介していますが、あくまで植物から抽出された100％純粋な精油に関して述べています。

最近は、小さな瓶に入った精油と似たような香りのする液体が、雑貨店などでも売られている場合がありますので、精油と間違えないように注意が必要です。アロマセラピー本来の機能と効果が期待される純粋な天然の精油とはどのようなものか、下記にまとめましたので、確認しましょう。

純粋な精油の特性

＊植物が生体内で生合成した100％天然の揮発性物質である。
＊花、果皮、果実、根、葉などの様々な部位より抽出される。
＊環境の変化や気候、災害によって毎年採れる量が異なるため、それが価格に反映される。
＊熱に弱い。

＊水より軽い性質を持つ。
＊数十種類から数百種類まで、精油によって含まれている化学成分数が異なる。
＊アルコールや水などは添加されていない。
＊原液で塗布しても伸びない。
＊水に溶けない。
＊最初は色がありサラッとしている精油でも、劣化に伴って色が薄くなり、粘性が生じてくる。

精油の大きな特性は熱に弱いこと。それを理解して活用しましょう

精油は、揮発性が高いだけでなく、基本的に熱や光によって酸化が生じ、高い温度に弱い性質を持っています。そのため、精油を直接火であぶったり、熱を加えたりすることは適していません。火であぶったり熱を加えたりする使用方法では成分の変質と香りの変化が生じるため、使用の際には十分に注意が必要です。53ページでも説明していますが、芳香浴に火を用いるオイルウォーマーや熱を利用するアロマライトではなく、ディフューザーを推奨するのは、このような理由からです。

学名は世界共通の名前。使用する際には確認を

精油を購入する際に、知っておきたいのが学名です。精油は、それぞれ一般名と世界共通で使用される学名（ラテン名）を保持しています。例えば、「Lavender」や「ラベンダー」と一般名が書いてある精油のラベルには、「*Lavandula angustifolia*」という学名も記されています。実際にラベンダーという一般名は、ひらがな、カタカナ、英語、あるいはほかの国の言語など、様々な表記方法があり、どのような記し方でも基本的に問題はありません。しかし、「学名」は世界共通でその種を特定するものであり、国によって表記が異なることはありません。

Column 市販のハーブと精油は原料となる植物の量が大きく異なります

ハーブティーや食事などで摂取するハーブと精油には大きな違いがあります。それは、植物の使用量です。ハーブティーや食事で摂取する量は少量ですが、精油は数滴を抽出するために、数キロ単位の植物を使用する場合も少なくありません。つまり、精油は植物の成分を濃縮した状態のもの。そのぶんパワーも強いため、使用量や取り扱いには、注意が必要です。

精油もハーブも、心身の状態によって使用する種類や活用法が異なるというのは同じ。とくに、メディカルハーブは一定の体調や症状を改善・サポートする目的で使用される方法で、より注意事項や活用方法の確認が必要となります。使用する場合は、専門家に相談しましょう。

真正ラベンダー
（学名:*Lavandula angustifolia*）

ラベンダースパイク
（学名:*Lavandula latifolia*）

　先に述べた「*Lavandula angustifolia*」は、日本では「真正ラベンダー」を示しますが、学名に「*Lavandula latifolia*」と書いてある場合には「ラベンダースパイク」という種類に。同じLavandulaで始まる学名でも、精油の成分が異なります。アロマセラピストにとってこの違いは、どういった方に使用できるか？　できないか？　を判断する大切な役割を持ちます。例えば、真正ラベンダーは妊産婦ケアに活用できますが、ラベンダースパイクは避けるべき精油に位置づけされているため、こういった学名の認識は軽視できません。

　もし、今後アロマセラピストとして活動していこうと考えているのであれば、この学名を学び暗記する必要があります。また、農家によっては学名だけで取り引きしている場合もあるので、私自身も精油の買い付けを農家で行う際には、かならず一般名ではなく学名を確認します。精油の種類によっては、歴史的に同じ精油であっても学名を3つほど保持するなど、深く入れば入るほどに混乱を生じる場合があります。これは、植物に寄り添い、植物の恵みを使わせてもらう私たちが理解するべき内容であり、必要な知識とも言えます。英語だからと苦手意識を持たず、前向きに取り組みましょう。

同じ種の植物でも、生育環境によって成分が異なるケモタイプ

　植物によっては、同じ種から生育しても、天候、土、水、人などの生育環境によって生育後に抽出される精油成分に大きな違いが生じることがあります。こういった植物は、種は同じであっても、一部の成分が多く含まれていたり、背丈や色が多少違ったりということが生じます。これらは「ケモタイプ」と呼ばれ、ほかの精油とは分けて判断できるようになっています。ケモタイプは、学名の後にct（chemotypeケモタイプの略）とつけ、その後に化学成分名がくる表記となります。ローズマリーやタイムが、代表的なケモタイプの精油。ラベンダーやユーカリもたくさんの種類がありますが、これらはケモタイプではなく種そのものが異なります。混同しないように気をつけましょう。

ケモタイプの精油・ローズマリー

　すべて学名は一緒、つまり種は同じで血のつながったローズマリーなのですが、生育環境によって生育後に一部の成分が多く生じ、それが精油として抽出されるものです。ローズマリーのケモタイプには、下記の3種類があります。

ローズマリー シネオール 1,8
（学名：*Rosmarinus officinalis ct 1,8 cineole*）

ローズマリー カンファー
（学名：*Rosmarinus officinalis ct champhor*）

ローズマリー ベルベノン
（学名：*Rosmarinus officinalis ct verbenone*）

学名は同じ　　　成分が異なる

ケモタイプではない精油・ラベンダー

真正ラベンダー
（学名：*Lavandula angustifolia*）

ラベンダースパイク
（学名：*Lavandula latifolia*）

ラバンディン
（学名：*Lavandula hybrid*）

学名が異なる

　左記の3種は、学名がすべてLavandulaで始まるので、すべて「ラベンダー属」の仲間です。しかし、さらに細かく分類する種小名が異なるため、これらは同じ種の血のつながったラベンダーではなく、「ケモタイプ」として区分けしません。

精油の抽出方法

● ● ●

精油は植物の特性に合わせ、様々な方法で抽出されます。最も多用されているのが、水蒸気蒸留法、次に圧搾法です。手間がかかる方法で抽出された精油は価格も高くなります。

水蒸気蒸留法

芳香植物に水蒸気を当て抽出する方法

　熱した水から発生する水蒸気を芳香植物に当てることで、植物に含まれる精油を抽出する方法。私たちが使用する多くの精油が、この方法で抽出されています。水蒸気蒸留法は、11世紀にアラビアの錬金術師そして医師であったイブン・シーナが発明した方法で、現在も基本的には当時と変わらない方法で精油が抽出されています。主なプロセスは下記となります。

熱によるダメージを抑えるため、約2時間での作業が目安

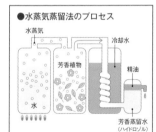

●水蒸気蒸留法のプロセス

水蒸気／冷却水／芳香植物／精油／水／芳香蒸留水（ハイドロゾル）

1. 水が熱せられて水蒸気を発生させる。
2. 水蒸気は管を通り、芳香植物が入っている容器タンクに入り込み、植物の分泌腺を破裂させる。分泌したものは蒸気とともに蒸発する。
3. 蒸気はさらに管を通って移動する。
4. 蒸気は、冷却水で覆われた細かくコイル上になっている管の中を、何度も回りながら冷やされる。
5. 冷やされた蒸気は液体に戻り、最後の容器タンク（エッソンシエ）で精油と蒸留水が分離した状態となる。

　水蒸気蒸留法のプロセスは、大変クリアに目視できます。これらの抽出作業は、できるだけ短い時間の中で終了することを目指しており、多くの農家が2時間を目安としています。それは、熱による香りのダメージを最小限に抑えるためでもあります。

　ジャーマンカモミール（108～109ページ参照）の精油に見られる「青いインク」のような精油の色は、元々の植物の色ではなく、この水蒸気蒸留の抽出段階によって生じるカマズレンという成分によるもの。このカマズレンのように、精油には抽出によって特性として現れる成分が存在します。

圧搾法

果皮を絞って抽出する方法。柑橘系の精油に使用

柑橘系の果皮から精油を抽出する際に使用する方法です。柑橘系は果皮に精油が蓄えられているため、機械を用いて果皮を絞る圧搾法により精油を抽出することができます。かつては手作業で果皮を絞り、海綿に精油を染み込ませるといった方法が行われていましたが、現在は遠心力を利用した機械が使われています。この方法は熱を加えないため、成分をほとんど変化させずに精油を抽出することができます。

溶剤抽出法

溶剤に芳香植物を浸す方法。主に香水産業で使用

揮発性溶剤（石油エーテル、ヘキサン、トルエン、ベンゼン、メチルアルコール、エタノールなど）を使用する方法です。含まれる芳香成分が少ない植物（ジャスミンなど）や樹脂（ベンゾインなど）にはこの方法が使われます。

芳香植物をこれらの溶剤に浸すと、コンクリートと呼ばれる蝋状の物質が得られます。このコンクリートをアルコールで処理したあと、約50℃の熱が加えられ、芳香成分を含む揮発性の物質が抽出されます。こうして得られた精油は「アブソリュート」と呼ばれます。

溶剤抽出法による精油は、植物中に含まれる芳香により近い香りを持っているため、主に香水産業で使用されています。しかし、天然でない化学物質にさらされる過程や、溶剤の残留物が含まれていることから、肌に塗布する利用には適していないと言われています。

アンフルラージュ法

動物性油脂を利用する方法。デリケートな花からの抽出に利用

非常に古くから行われてきた方法で、ジャスミンやネロリ、ローズなど熱によって優雅な香りが損なわれてしまう、デリケートな花から抽出する際に使用されてきました。

まず、無臭の動物性油脂を網の上に塗って枠にはめ、その上に花びらを丁寧に並べます。それらを幾つかの層になるように積み重ねます。並べた花びらから徐々に精油が油脂に溶け出していきますが、常にこれらを新鮮な花びらに置き換える作業が何度も繰り返されます。油脂が芳香成分で飽和状態になったあとアルコールで希釈し、強く振ることで精油と油脂を分離させます。最後は蒸留によってアルコールを分離させ、精油が抽出されます。

この抽出法は非常に手間がかかるため、精油は高価になります。現在では行われていませんが、伝統的な方法であるため、歴史ある香水会社や関連の博物館などでは、当時の道具や様子を見ることができます。

二酸化炭素液化抽出法

高圧な二酸化炭素ガスを利用1980年代初頭に発表

非常に高圧な二酸化炭素ガスを用いて精油を抽出する方法で、1980年代初頭に発表されました。熱が加わらないため、自然の植物に近い香りの精油が抽出されますが、水蒸気蒸留された精油とは化学構造が異なった精油が抽出されます。また高価な装置を使用するために精油の価格が高くなります。以上の点から、この抽出法は一般的に広く普及していないのが現況です。

精油の選び方・扱い方

● ● ●

アロマセラピーで最も大切なのが、好きな香りの精油を選び、正しく利用すること。購入した精油の保管にも注意が必要です。ルールを守りながら、アロマセラピーを楽しみましょう。

精油を厳重に管理する国も。その扱いには注意が必要

　私たちがアロマセラピーとして精油を活用しようと思った時、日本では精油を容易に手に取ることができ、気軽にだれもが購入できます。しかし、同じような瓶に入ってラベルに精油と書いてあるからといって、全て同じ質の純粋なものであるとは限りません。これは、他国においても同様です。国によっては容易に手に取ることができないように厳重に管理された状態で販売されることや、ラベルに危険物を示す表示が義務付けられている場合もあります。精油は、それぞれの国のルール下で管理され、販売されています。国によって販売方法の違いはありますが、手に取る精油が確実に「純粋な精油」であれば、その質は世界共通であり、違いは栽培法や農家によっての香りの質の違いです。精油は扱いと判断に十分に注意が必要であることを心得ておきましょう。

信頼できる専門店で実際に香りを嗅いで購入を

　精油を選ぶにあたっては、農家から栽培抽出された「純粋な精油」であることが条件です。仮に、少しでもなにか混ぜられていたり、人の手で内容成分が操作されていたりする場合は、純粋な精油の働きの効果を十分に得ることができません。まずは、信頼できる専門店で購入することが第一です。購入する際は、実際に香りを試し、好きな香りかどうかを確認しましょう。

　もし、アロマセラピストを目指すのであれば、メーカーからの情報だけではなく、購入する側の私たちが「判断する力を養う」必要性もあります。また、メーカーから提供される書面やデータだけでは、判断材料が足りないため、自分自身が「純粋な精油」を嗅覚で判断できるかどうかも同じくらい重要なスキルとなります。

精油の注意事項

精油を扱うにあたっては、下記のことをかならず守ってください。

①純粋な精油原液をそのまま皮膚に塗布したり、飲用したりしない。

②精油は引火する可能性があるので、火気まわりでの使用は避ける。

③高温多湿を避け、日の当たらない場所で保管する。

④子供の手の届かない場所で保管する。

⑤使用後、キャップはしっかりと閉める。

⑥精油の品質を確認してから使用する。

⑦自分が安全性を確認できないような精油を気軽に使用しない。

⑧高齢者、乳幼児、妊産婦、てんかん、心臓病、高血圧、腎臓病、糖尿病、免疫障害（アレルギーなど）を持つ方への使用には、それぞれの知識を持った専門家もしくはアロマセラピストの指示を仰ぐ。

⑨精油の特性によって使用期限を注意する（下記参照）。

精油の使用期限

柑橘系の精油は開封後6ヵ月での使用が望ましく、未開封で保管する場合も1〜2年を目安としてください。そのほかの精油は、開封後1〜2年が目安です。一番大切なのは、精油をコレクションとせず、使用する時に必要な精油を購入すること、そして新鮮なうちに使い切るように努めましょう。

Column 精油のオーガニック認証は厳しい基準がもうけられています

精油の中には、「オーガニック認証」がつけられているものがあります。この「オーガニック認証」は、独自基準ではなく、基本的に第3者機関によって査察と認定が行われ、その基準に合格したという証です。

精油のオーガニック認証は厳しく、オーガニック認証の査察を毎年受けている農家において栽培抽出されていること、ボトリングする工場や作業場も毎年オーガニック認証の査察を受けていることが条件。それを満たしている精油のみが、最終的にラベルにオーガニック認証マークをつけることが許されています。

精油の飲用について

　精油の飲用に関しては、歴史的にみて一般的に行われてきた方法ではなく、フランス式のアロマテラピー(仏語)で活用されている方法です。フランス式のアロマテラピーは、ハーブ医学との関連性の中で確立されてきた独特の学問であり、「診察・診断」を行い処方できる専門家のみに許されている分野で、専門の教育があります。フランス式のアロマテラピーでは「芳香やマッサージ」としてのケアが目的ではなく、飲用の処方が主となります。

　また、グローバル基準ではこういった方法を「メディカルアロマセラピー」と定義していますが、メディカルアロマセラピーとは、「病院やクリニックで精油を活用すること」でもなく、「精油の質を区分する用語」でもありません。私たちが今日大切にしている香りやケアを軸とした芳香療法はイギリスからの影響を多く受け、そして一般的に活用されています。

　世界各国では、それぞれに違う法律や規制の元、アロマセラピーの発展の歴史を持っています。一見すると良い情報のように映る、惑わされそうな記述も多く見受けられます。取り入れる前に、まずはその背景にはどんな学問があり、どんな風に活用されてきた歴史があるのかも注意深くみてみましょう。

　純粋な精油の飲用は、精油の通常の活用として容易には認められません。すべての精油は粘膜刺激があるという特性を持っていることが一番の理由です。ですから、皮膚に刺激を感じやすい目の周りなど皮膚が薄い場所や口腔内、膣などへの活用は十分に注意が必要です。

　また、粘膜刺激を感じない精油であれば、刺激が生じないよう加工・添加を施した可能性も考えられ、純粋な精油とはいえない可能性があります。

　精油をより効果的に使いこなすためには、「純粋な精油」であるかどうかを判断できる知識を身に着けることも大切です。

精油についての

Q：精油は直接肌に触れても問題ありませんか？

A：精油をそのまま原液で肌に塗布して伸ばし、マッサージケアなどを行うことはありません。純粋な精油はマッサージケアができるほど肌に伸ばすことができる基材性質を持っていないからです。もし直接塗布してマッサージケアなどができるものだとしたら、それは純粋な精油ではありません。通常アロマセラピーでは揮発性（蒸発する）物質の精油を使用します。毒性の強い珍しい精油を扱う以外は、数滴であれば手や指に垂れても大きな問題にはなりませんが、精油は本来、直接肌に塗布して使用するものではないと念頭に入れておきましょう。なかには粘膜刺激や皮膚刺激を強く感じる精油もありますので誤って直接、肌や粘膜に垂れてしまったら焦らず、よく洗浄しましょう。数滴であれば指や手のひらに垂らしてマスクや髪の毛、Tシャツ（白は色が滲む可能性があるので注意してください）などにつけて楽しむことは可能です。

Q：精油と精油は混ぜてもいいのですか？

A：純粋な精油は、1つずつが農作物として収穫と抽出工程を経て素材として瓶に入っています。そのため、それぞれを混ぜるというのは、「料理」をするように相性バランスや目的などに合わせて楽しむことができる方法です。1つずつの単品の精油をシングル精油と呼び、そのままのシングル精油でも良い香りを放つ精油もあり活用できますが、特徴があり強すぎると感じる香り、さらに苦手な香りなどもあり様々です。シングル精油をより良く楽しく、そして個々のオリジナリティを持った香りにするために、ブレンドするという方法があります。ブレンドされた精油をブレンド精油と呼びます。ブレンドする場合には、感覚の他に知識としての揮発性や化学的な成分を考慮した上で、より機能的で有効的な精油となります。どんなに知識を重ねても、香りの根本として「楽しむ感覚」がある香りの創造を忘れずに、ブレンドに挑戦してみてください。

Q：犬や猫がいる場所で精油は使っても大丈夫ですか？

A：現在犬や猫のいる場所で精油を活用してはいけない、どの精油が良くないか？ ということを示すエビデンスはありません。SNSなども含めて悪い情報が錯綜しますが、私自身も犬と猫がいる環境で精油を活用し極端に病気になるということや、短命であるといった経験はこれまでありません。精油の活用は、人間も動物も同じなのですが、過剰量使用では毒、適量で有効であることはどんな場面でも同じことが言えますので、あくまでその精油が純粋な精油であるかどうか？ そしてその使用方法や使用用途、そして使用量は十分に理解した上で活用してください。

Q：精油の成分分析表がついていない精油は偽和物ですか？

A：そうとは限りません。逆に成分分析表がついていても中身が純粋ではないものもあります。精油が純粋であるか否か？ 鮮度が保たれているか否か？ は、植物の特定(学名)、抽出法、色、香り、成分の総合的な判断で評価されるべきです。「成分分析表がついている」＝「純粋である」という指標ではなく、成分分析表を重視する場合には、まず成分分析表をしっかりと理解し、その情報が正しいか？ を判断する力も必要であることを忘れないでください。その上で各精油が持つ、特徴的な色や香りを感じられることが大切です。

Q：精油が出てくる蓋の場所はメーカーによって違うのですが滴数は一緒ですか？

A：これは各社違います。精油の瓶の上についている精油が出てくる場所をドロッパーといいます。それぞれに1滴で出てくる容量は異なっていますが、スポイトやマイクロピペットを使用せずに現在直接ドロッパーから滴下する場合には、指標として1滴0.03㎖が妥当であるとされています。以前は1滴が0.05㎖でしたが、市販されている精油の実際の容量との違いが明らかであるため、私自身も現場で使用する上では1滴0.03㎖が妥当であるとして採用しています。これはロバートティスランドの精油の安全性第2版でも触れられていますので、ぜひご参照ください。

Ⓠ：精油の適量や活用目安はありますか？

Ⓐ：精油の活用量の目安は、個々によって差があります。**これは年齢の違いだけではなく、生活する環境やスタイルによっても異なります。**どうしても文字で何滴が適量と覚えたくなってしまうのですが、一番初めにまず確かめてほしいことは、自分自身がどういった時間や場面で、香りを活用したいと考えているか？ そしてその使用方法には無理がないか？ ということです。他の人がやっているそのままでは、もしかして自分に合わないかもしれないということを忘れずに、自分の感覚を心地よく解放するために使用できるか？ の確かめが必要です。このように活用してみると、**自分の中でも心身に波があったり体調や環境の変化で同じ香りが違うように感じたり、使用する量がその都度違ってきたりと、自分の感覚と香りの付き合い方を感じる**ことができるようになってきます。そして前は良い香りだと思っていたのに、最近は違うように感じてきたなと感じれば、香りは着替えるように活用することをお勧めします。香りで心身をケア解放するために私自身が2000年からお伝えしているとても大切な最初のステップです。

Ⓠ：妊婦さんに精油の香りは活用してもいいのですか？

Ⓐ：妊婦さんに限らず、高齢者や幼児、特定の疾患を持つ方でも、精油の活用に大きな問題はありません。ただし、妊産婦への精油使用には条件があります。**安全性を高める意味でも、それぞれの妊産婦さんの嗜好性を理解しつつ精油の成分特性を見極めることが重要です。そのため、妊産婦のアロマセラピーの教育を受けた専門家への相談が必須となります。**私たちは日常生活の中で、様々な香りを食物や飲料、そして空間、フレグランス雑貨や化粧品などから感じています。香りは決してアロマセラピーの精油だけが与えるものではありません。そう考えると「一瞬嗅いだだけで調子が悪くなる」といった精油の香りは、一般的に手に取って活用しているアロマセラピーの範囲の中では生じません。こうしたトラブルは往々にして知識が乏しく判断ができない状態での多量使用、使用方法の間違いによるもの。有効的な活用は、正しい知識に加え、判断力、そして責任感が伴ってこそ実現できることも忘れないでください。

Chapter 2

精油ガイド 90

TOP
トップノート

038	❋ オレンジスイート
040	❋ ベルガモット
042	❋ グレープフルーツ
044	❋ レモン
046	❋ グリーンレモン
047	❋ シトロン
048	❋ レッドマンダリン
049	❋ グリーンマンダリン
050	❋ ライム
051	❋ クレメンティン
052	❋ ゆず

TOP・MIDDLE
トップ・ミドルノート

056	ローズマリーシネオール
058	ローズマリーカンファー
059	ローズマリーベルベノン
060	ユーカリプタス ラディアータ
062	ユーカリプタス グロビュラス
063	ユーカリプタス シトリオドラ
064	ラベンダースパイク
066	ラバンディン
068	ティートリー
070	ロザリナ
071	ニアウリ
072	カユプテ
073	レモンティートリー
074	フラゴニア
076	レモンペティグレン
077	バジル
078	ペパーミント
079	スペアミント
080	コーンミント (和ハッカ)

081	レモンマートル
082	レモングラス
083	シトロネラ
084	メイチャン
085	パインスコッツ
086	スプルースブラック
087	ラベンサラ
088	シナモンリーフ
089	ウインターグリーン
090	コリアンダーリーフ
091	月桃
092	トドマツ (モミ)
093	メリッサ
094	❋ ネロリナ
095	ホワイトクンジア
096	ジンジャー
098	ブラックペッパー
100	カルダモン

MIDDLE
ミドルノート

104	ゼラニウム	121	ペティグレン
106	ラベンダー（真正）	122	オレンジペティグレン
108	ジャーマンカモミール	123	マンダリンペティグレン
110	マージョラム	124	フェンネル
112	クラリセージ	125	ローレル
114	サイプレス	126	マートル
116	ジュニパーベリー	127	パルマローザ
118	タイムリナロール	128	クローブ
119	タイムゲラニオール	129	ヤロー
120	タイムティモール	130	クロモジ（黒文字）

アロマセラピーで活用できる、有用性の認められる精油を
幅広くセレクトしました。このガイドは、精油同士を組み合わせしやすい
ように、香りの揮発性の速さ、香りの伝わる速さ＝ノート別に
紹介しています。ぜひブレンドに役立ててください。

※ノートについてはP32、33で詳しく解説しています。

BASE
ベースノート

152	サンダルウッド
154	シダーウッド
155	ベティバー
156	パチュリ
157	ベンゾイン
158	ミルラ
160	バニラ
161	コーヒー
162	カカオ
163	ブッダウッド
164	ブルーサイプレス
165	ヒバ（ヒノキアスナロ）
166	ヒノキ

MIDDLE・BASE
ミドル・ベースノート

134	ローズ（ローズ オットー、ローズ アブソリュート）
136	イランイラン
138	ローマンカモミール
140	ジャスミンサンバック
141	ジャスミングランディフローラム
142	ネロリ
144	リンデンブロッサム
145	シナモンバーク
146	フランキンセンス

ブレンディングに大切なノートとは？

● ● ●

ノートとは香りの揮発する速さ、伝わる速さを示すもの。精油のブレンドを楽しむ際に、必要不可欠となる基礎要素です。ノートを知ることでバランスの整った持続力ある魅力的な香りの創造が実現します。

香りが揮発する速さを理解すれば
心地よい香りが長く楽しめます

精油のブレンドを行ううえで、養うべき基礎感覚の要素があります。香りの特性を理解して「その香りがどのような香りを放つのか？」ということ、「その香りがどのような揮発性を持つか？」ということを併せて嗅ぎ分け、その成分特性を理解することです。こうした知識を備えていれば、持続力あるバランスのよい奥深い香りのブレンドが可能になります。逆にこの基礎感覚を養わずに行うと、すぐに揮発してしまい香りがしない、時間が経ってから少しずつ香りを感じるなど、想像とは違う、バランスに凸凹がある香りのブレンドになってしまうことも。

純粋な精油であれば、その精油ごとに揮発する時間に差が生じてきます。その時間を「ノート」という言葉で表します。

私は各精油を、香りの特性、成分の特性と揮発性から、下記の5種類に分けることを考案し、それぞれに分類しながら、そのバランスを整える方法を提唱しています。

トップ ノート	トップ・ミドル ノート	ミドル ノート	ミドル・ベース ノート	ベース ノート

香りのブレンドは、トップからトップ・ミドル、ミドルまでの前半部分に惹きを感じる特徴的な香りが選ばれることが多く、その前半のバランスから後半のミドル・ベース、ベースまでの香りを選択し、総合的にデザインします。香りを創造し、オリジナリティを持たせることが大切です。目的を持ったバランスのよい持続力ある香りに仕上げるには、香りの揮発性・香りの相性・香りの化学特性の3要素が欠かせません。各ノートの特徴を参考までに右ページに記しました。

精油のノートと特徴

揮発性	ノート	特徴	代表的な精油	ブレンドする時の割合
高い	トップノート	30分〜2時間、香りが持続します。柑橘系のフルーティな香りやグリーンノートなど、軽くて揮発しやすいフレッシュな香りが主となります。トップノートの香りは、一番はじめに香るため、そのブレンドをはっきりと印象づけ、リフレッシュしたり、元気づけたりする役割を果たします。	●オレンジスイート ●グレープフルーツ ●レモン	20〜60%
	トップ・ミドルノート	トップノートとミドルノート両方の特徴を併せ持ちます。	●ペパーミント ●ユーカリプタス ●ローズマリー	10〜20%
	ミドルノート	2〜6時間、香りが持続します。ブレンドの中心となる精油で、香りのバランスを保つ役割があります。温かさや優しさを表す香りで、葉などハーブ系の植物から抽出されるものが主となります。また、体全体のバランス調整や消化器系にも作用します。	●カモミールジャーマン ●クラリセージ ●ゼラニウム ●ラベンダー（真正）	10〜30%
	ミドル・ベースノート	ミドルノートとベースノート両方の特徴を併せ持ちます。	●イランイラン ●ネロリ ●ローズ	10〜20%
低い	ベースノート	4時間〜数日、香りが持続します。とても深い香りを持ち、ブレンド全体を包括する香りとしての役割があります。トップノート、ミドルノートの精油のあとで徐々にゆっくりと深く香り、その香りは長い時間継続します。感情や心理的な部分に働きかけ、鎮静やリラックスにも大きな影響を与えます。	●サンダルウッド ●シダーウッド ●ベティバー	5〜20%

※12〜13ページに本書で紹介している精油のノート一覧表を掲載しています。

精油ガイドの見方・使い方

↓精油によっては、コラムの場合もあります。

❶植物写真

精油の原料となる植物そのものの写真のほか、農場の風景、収穫の様子などの写真を掲載しています。ほとんどの写真が、世界中の農場を回って著者本人が撮影したものです。

❷香りの系統

8～11ページ参照

シトラス系　ハーバル系　スパイス系　フローラル系　ウッディ系　レジン系

❸精油名・特徴

❹おすすめの使い方

芳香浴
53ページ
参照

吸入
54ページ
参照

アロマバス・
手浴・足浴
101～102
ページ参照

湿布
131ページ
参照

マッサージ
Chapter7
参照

スキンケア
148～150
ページ参照

ハウス
キーピング
132ページ参照

❺精油のプロフィール

❻DATA

- 学名／世界共通で使われる学術上の名称です。精油を購入する際は、この学名を確認してください。また、アロマセラピストを目指す方は暗記するようにしましょう。
- 科名／植物を分類するうえでの名称です。
- 抽出部位／植物のどの部分から精油が抽出されるかを記しています。
- 抽出方法／植物からどのような方法で精油を抽出しているかを記しています。抽出方法についての詳しい説明は21～23ページをご覧ください。
- ノート／ノートとは香りが揮発する速さ、伝わる速さのことで、トップ、トップ・ミドル、ミドル、ミドル・ベース、ベースの順に香ります。32～33ページで詳しく説明しています。
- 主な産地／それぞれの精油が産出される、代表的な国や地域です。
- 主な作用／それぞれの精油が持つ、代表的な作用（働き）です。35～36ページで説明しています。
- 主な化学成分／どのような化学成分を含んでいるかを、割合とともに明記しています。化学成分については、204～207ページで詳しく説明しています。
- 注意事項／精油を使用する際に注意すべきことを記しています。購入する前、使用する前に、かならず確認してください。

❼ブレンドアドバイス

作 用 の 説 明

*本書で紹介している精油の主な作用についてのみ説明しています。

あ	引赤作用	血流の量を増やし、体を温める作用
	うっ滞除去作用	血流が静脈内などで停滞した状態を除去する作用
か	強肝作用	肝臓の働きを強化する作用
	強壮作用	体の機能を高める作用
	去たん作用	気管支内のたんを排出する作用
	空気浄化作用	空気を浄化する作用
	駆風作用	腸内のガスを排出させる作用
	血圧降下作用	血圧を下げる作用
	血圧上昇作用	血圧を上げる作用
	血液浄化作用	血液を浄化する作用
	月経調整作用	月経を促してサイクルを整える作用
	血糖値低下作用	血糖値を下げる作用
	解熱作用	高くなった体温を下げる作用
	健胃作用	胃の不調を整え、健やかにする作用
	抗アレルギー作用	アレルギーの症状を軽減する作用
	抗ウイルス作用	ウイルスを抑える作用
	抗うつ作用	うつの症状を軽減し、気持ちを明るくする作用
	抗炎症作用	炎症を鎮める作用
	抗カタル作用	過剰な粘液の分泌を抑える作用
	抗感染作用	体内に発症した感染症と闘う作用
	抗気管支炎作用	気管支炎の症状を防ぐ作用
	抗菌作用	細菌の繁殖を軽減する作用
	抗けいれん作用	けいれんを未然に防ぐ作用
	抗酸化作用	体内の酸化を抑える作用
	抗真菌作用	真菌の繁殖を軽減する作用
	抗神経痛作用	神経痛の症状を軽減する作用
	抗糖尿作用	尿の糖分を抑える作用
	抗バクテリア作用	バクテリアの繁殖を軽減する作用
	高揚作用	気分を高める作用
	抗リウマチ作用	リウマチの症状を軽減する作用
さ	催淫作用	性欲を強める作用
	催乳作用	母乳の量を増やす作用
	殺菌作用	細菌を殺す作用
	殺虫作用	有害な虫を殺す作用
	子宮強壮作用	子宮の働きを強壮する作用
	刺激作用	エネルギーを増進する作用
	止血作用	出血を止める作用

作 用 の 説 明

*本書で紹介している精油の主な作用についてのみ説明しています。

	脂肪分解作用	体内の脂肪分解を促す作用
	充血除去作用	充血を除去する作用
	収れん作用	組織を引き締めて結束する作用
	循環促進作用	血液やリンパなどの循環を良くする作用
	消化促進作用	消化を促す作用
	浄化作用	気分や滞りをクリアにする作用
	消臭作用	不快な臭いを消す作用
	静脈強壮作用	静脈を強くする作用
	食欲増進作用	食欲をアップさせる作用
	神経強壮作用	神経を強壮する作用
	神経系バランス調整作用	神経のバランスを調整する作用
	睡眠促進作用	睡眠導入をスムーズにさせる作用
	ストレス低減作用	ストレスを軽くする作用
	整腸作用	腸の働きを整える作用
	性的強壮作用	性的な機能を強める作用
た	胆汁分泌促進作用	胆汁の分泌を促す作用
	鎮けい作用	けいれんを鎮める作用
	鎮静作用	興奮を鎮める作用
	鎮痛作用	痛みを鎮める作用
	デオドラント作用	不快な臭いを抑える作用
は	発汗作用	汗の分泌を促す作用
	バランス作用	心身の様々なバランスを整える作用
	はんこん形成作用	はんこん組織ができるよう促す作用
	皮脂分泌抑制作用	過剰な皮脂の分泌を抑える作用
	防腐作用	腐敗を防ぐ作用
	保湿作用	肌を保湿して潤す作用
	母乳抑制作用	母乳の出過ぎを抑える作用
	ホルモンバランス調整作用	ホルモンのバランスを調整する作用
ま	虫除け作用	虫を近づけないようにする作用
	免疫強壮作用	免疫の働きを強化する作用
ら	利尿作用	尿の量を増やす作用
	リンパうっ滞除去作用	リンパが停滞した状態を除去する作用
	リンパ循環促進作用	リンパの循環を促す作用

TOP

トップノート

038 ❀ オレンジスイート

040 ❀ ベルガモット

042 ❀ グレープフルーツ

044 ❀ レモン

046 ❀ グリーンレモン

047 ❀ シトロン

048 ❀ レッドマンダリン

049 ❀ グリーンマンダリン

050 ❀ ライム

051 ❀ クレメンティン

052 ❀ ゆず

オレンジ
スイート

Orange Sweet

心身を解放し
バランスを取り戻す

誰もが魅了される爽快さと甘さのあるバランス良い香り

オレンジの名は、サンスクリット語の「Naranji」に由来していると言われています。オレンジの果皮の薬効性に着目したのは古代中国の人々であり、乾燥させた皮は風邪や咳止め、消化や胃の調子を整える漢方の生薬「陳皮」として、現在も活用されています。18世紀のヨーロッパでは神経症や心臓疾患、腹痛、喘息、うつなどの症状に利用されていました。

オレンジの皮を剥いた時のフレッシュで甘い香りは心の中に優しい空間を創り出してくれ、心身の解放に役立ってくれる精油です。オレンジスイートの香りは、新しい空気を私たちに送り込むように新鮮な印象を与え、気持ちを程よく高揚させながら、ネガティブな感情や緊張を一掃してくれます。呼吸が整って力が抜けていくのを感じると、未来への一歩を後押ししてくれるようです。

メンタル面との関わりに影響する消化器系への働きが期待できる精油で、便秘や過敏性腸症候群、食欲不振、消化不良、嘔吐など、自律神経や生活の乱れに伴う幅広い症状に役立つとされています。

精油のなかでも親しみやすい香りが特徴。特に子供に好まれる傾向があり、子供の落ち着きや眠りに対しての活用も期待されています。幼稚園で園児に芳香浴を行った際、鎮静効果などについて良い結果も報告されています。

南仏のオレンジスイート畑。近くにはピーチカーネルも栽培されていました。

まだ若いオレンジスイートの実。葉と同じような緑色です。

採れたてのオレンジスイートと、同じ木に1つだけ残っていた花。

学　　　　名	Citrus sinensis			
科　　　　名	ミカン科	抽 出 方 法	圧搾法	
抽 出 部 位	果皮	ノ ー ト	トップ	
主 な 産 地	スペイン、イタリア、イスラエル、フロリダ、コスタリカ、カリフォルニア、ブラジル			
主 な 作 用	抗感染作用　　循環促進作用　　消化促進作用　　胆汁分泌促進作用　　鎮けい作用　鎮静作用　　バランス作用			
主な化学成分	Limonene（モノテルペン類）86.1-93.4％／β-Myrcene（モノテルペン類）1.3-3.3％　β-Bisaboiene（モノテルペン類）0-1.5％／α-Pinene（モノテルペン類）0.8-1.0％　Citronellal（アルデヒド類）0.04％／Sabinene（モノテルペン類）0.38％			
注 意 事 項	なし。			

ブレンドアドバイス
相性の良い精油

🌿フランキンセンス　🍃スペアミント　🍃ティートリー
🍃ローズマリー　🌸ラベンダー　🌸パチュリ
🌸サンダルウッド　🌸ネロリ　🌸ジャスミン
🍃マージョラム　🌸ゼラニウム

オレンジスイートは甘さと爽快感の両方の特性をバランスよく持っている精油です。いろいろな精油とブレンドしても、**調整役となるため万能です**。特に鮮やかなオレンジ黄色の色を保持し鮮度が高く、誰もが笑顔になるフレッシュさを感じるオレンジは、それだけで心地よさを与えます。**ブレンドの際には、加える割合を多めに配分**します。オレンジは控えめに加えると他の精油に隠れてバランスの良さを感じることができず、その良さを発揮できない可能性がありますので、注意しましょう。

ベルガモット

Bergamot

世界中の人を魅了し続ける
深い優しさ

爽快さを持ったグリーンで優しい落ち着きと深みのある香り

　その歴史と名前の由来は諸説あり、まだ明確には定義されていませんが、それほどまでに柑橘系の中で様々な種が発展し、その中でも1964年にFerrariによって初めてベルガモットについて言及があったと歴史の研究において記されています。ベルガモットは、ほぼ南イタリアのカラブリア州及びシシリー島で収穫・抽出され、歴史上イタリアの民間療法として、現在も大変重要な役割を果たしてきました。現在は圧搾法で抽出されていますが、昔は1つずつ農家の倉庫で夜通し海綿スポンジを活用し、手作業で抽出が行われていました。特にヨーロッパでペストなどの感染が拡大した時に、この作業に関わっていた人は感染しにくかったという話を直接農家から伺ったことがあります。

　他の精油では代用できないほどにその魅力的な香りを放つベルガモットは、不安や感情のコントロールが難しい時、不眠、緊張、欲求不満など、穏やかにその状態を解き放つように整え、楽観性を与えてくれます。イタリアの研究者であるパウロ・ロベスティによってこれらの活用は詳しく検証されており、精神的なサポートに大変有用であることが示されています。また神経系に関わる胃腸や消化の働きをサポートしながら、調和を取り戻す精油として、常に寄り添ってくれる精油です。

たわわに実るオーガニックのベルガモットの実。

圧搾前に洗浄しているベルガモットの実。

学　　　　　名	Citrus bergamia		
科　　　　　名	ミカン科	抽 出 方 法	圧搾法
抽 出 部 位	果皮	ノ　ー　ト	トップ
主 な 産 地	イタリア、南アジア		
主 な 作 用	抗うつ作用　　抗感染作用　　抗菌作用　　循環促進作用　　消化促進作用 鎮けい作用　　鎮静作用		
主な化学成分	Limonene（モノテルペン類）27.4-52%／Linalyl acetate（エステル類）17.1-40.4% Linalool（アルコール類）1.7-20.6%／Sabinene（モノテルペン類）0.8-12/8% γ-Terpinene（モノテルペン類）5.0-11.4%／β-Pinene（モノテルペン類）4.4-11.0% Bergapten（フロクマリン類）0.11-0.35%		
注 意 事 項	●肌に塗布したあと2時間は、肌を直射日光に当てないでください。		

ブレンドアドバイス
相性の良い精油

フランキンセンス　ユーカリ　ローレル
カルダモン　ローズマリー　ペティグレン
ラベンダー　パチュリ　シダーウッド
サンダルウッド　ネロリ

ベルガモットは、グリーンの鮮やかな色を持ち、落ち着きを与える優しさと甘さを感じる中に、深くグリーンな爽快さと苦さを同時に備えている精油です。そのため、他にスッとした爽快感がある精油や、スパイシーな精油、そして深いウッディな香りなど様々な精油との相性がよいです。他の柑橘系の精油に比べると、**最初に際立つ爽快感よりもブレンド後に感じるグリーンな香り立ちが特性となる**ため、ブレンドを楽しむ際には少し時間を置いてどのように変化するか？ の余韻を楽しみながら、ブレンドの仕上がりを調整することをおすすめします。

グレープ
フルーツ

Grapefruit

程よい苦味と爽快さの
バランサー

苦味と共に鋭くかつ優しさを兼ね備えた爽快感を与えてくれる香り

　世界中で食用としても誰もが手にすることができるフルーツとして有名なグレープフルーツ。皮を剥いた瞬間に感じるその瑞々しさに心を奪われます。グレープフルーツは、もともと単独で存在していた種類ではなく歴史上、不意な掛け合わせによって生じた、スイートオレンジ（*Citrus sinensis*）とポメロ（*Citrus maxima*）の交配発生種だとされています。

　緊張や不満、ネガティブなストレスが継続するような状態など、心身のアンバランスさを感じる時に、スッと心地よさを与え、心が軽くなるような感覚を与えてくれます。望み通りにことが進まない、怒りや避難、自己批判を繰り返す状態が自己嫌悪として変化した状態、過剰に何かに執着してしまう時、満足感を得られず増幅する食欲を止められない場合等、うっ積した不調和を浄化する精油として重宝されてきました。

　循環をサポートしながら、余分な水分を排出し、むくみや体重増加、脂肪の分解や肥満症状のケアに適しているため、健康と美容に寄り添う精油として活用されています。

　さらに空気の浄化や旅で生じるジェットラグ、また脂性肌やニキビ肌が気になる場合などの心身のバランスを整えるために活用できる精油です。

実が大きくなり始めた頃。小さな実のうちから、整った真ん丸の形をしています。

大きな葉とびっしりとなった実の重さで、枝がしなっています。

グレープフルーツの葉から抽出される精油は希少価値が高く、爽快感のある素晴らしい香りがします。

学　　　　名	Citrus paradisi		
科　　　　名	ミカン科	抽 出 方 法	圧搾法
抽 出 部 位	果皮	ノ　ー　ト	トップ
主 な 産 地	イスラエル、フロリダ、カリフォルニア、ブラジル		
主 な 作 用	空気浄化作用　　血液浄化作用　　抗ウイルス作用　　抗菌作用　　抗真菌作用 充血除去作用　　循環促進作用　　鎮静作用　　バランス作用　　リンパうっ滞除去作用		
主な化学成分	Limonene (モノテルペン類) 84.8-95.4%／β-Myrcene (モノテルペン類) 1.4-3.6% α-Pinene (モノテルペン類) 0.2-1.6%／Sabinene (モノテルペン類) 0.4-1.0% Nootkatone (ケトン類) 0.1-0.8%		
注 意 事 項	●肌に塗布したあと2時間は、肌を直射日光に当てないでください。 ●アロマバス(全身浴、半身浴、足浴、手浴)への使用は控えてください。		

ブレンドアドバイス
相性の良い精油

- ローズマリー
- ジュニパーベリー
- ローズオットー
- サイプレス
- ペティグレン
- ラバンディン
- フラゴニア
- クラリセージ
- ホワイトクンジィア
- イランイラン
- ペパーミント

グレープフルーツは、ハッとするシャープな爽快感と心地よい苦味が持続する香りを放ち、他の柑橘系では代替えできないような程よい変化を感じさせてくれる精油です。ホワイトグレープフルーツとピンクグレープフルーツで多少香りの印象が変化しますが、その違いは甘さです。ホワイトはすっきりとした苦味、ピンクは甘さのある苦味を保持します。**普段活用が苦手だなと感じるような香りを放つ他の精油との相性が良いことが多く、**そっと寄り添って香りを整えるような**バランサーの役割**を持ちます。甘さを放つ精油とブレンドをしすぎてしまうと、グレープフルーツの苦さが逆に引き立ちすぎて香りが崩れてしまうことがありますので、**甘さの要素は程よく選択することがポイント**です。

レモン

Lemon

鋭さと明瞭さで
集中力を高める

スッキリとした透明感があり、シャープな爽快感と酸味をもつ

　その歴史は長く、17世紀後半にレモンの薬効が認められてから、イギリス海軍による航海中の病気の予防への活用など、ヨーロッパではレモンは中毒と感染症に効く万能薬として広く知られるようになりました。

　レモンはピンク色で中が真っ白な、香り高い可憐な花を咲かせ、その後、緑の小さい果実から徐々に大きくなって黄色へと変化します。丸いレモンが原種でインドが発祥ですが、ヨーロッパに渡る中で今のように少し細長い形へと変化しています。

　レモンの爽快さを与える香りには、気持ちをリフレッシュさせるだけでなく、循環をサポートしながら集中力を高める効果があるとされています。また、不安や心配なこと、決断を迫られている時、超えられない壁を感じる場合など、自分を整える助けを与えてくれる精油としても活用されています。さらには、バランスを整えながら身体全体の血流を改善し、頭痛や不眠を解消したり、静脈瘤やむくみ、慢性的に冷えを感じている症状にも効果的とされる万能な精油。自律神経のバランスを整えながら、呼吸を整えるサポートもしてくれます。空気清浄や気分転換のためのスプレーとしての活用もおすすめで、他の精油とブレンドしてスプレーを空間に散布すれば、クリアな感覚を取り戻す手助けに。

つぼみはピンク色をしています。レモンの葉から抽出される精油は、レモンペディグレンと呼ばれます。

可憐な印象の香り高い花。花からも精油が抽出され、レモンネロリと呼ばれます。

大きくなり始めの実は細長く、のちに左ページの写真のように丸くなります。

学　　　　名	Citrus limonum			
科　　　　名	ミカン科	抽 出 方 法	圧搾法	
抽 出 部 位	果皮	ノ　　ー　　ト	トップ	
主 な 産 地	イタリア、フロリダ、カリフォルニア、スペイン			
主 な 作 用	うっ滞除去作用　　抗炎症作用　　抗感染作用　　抗菌作用　　収れん作用 循環促進作用　　消化促進作用　　鎮けい作用　　鎮静作用　　リンパうっ滞除去作用			
主な化学成分	Limonene(モノテルペン類) 56.6-76.0%／β-Pinene(モノテルペン類) 6.0-17.0% γ-Terpinene(モノテルペン類) 3.0-13.3%／α-Terpineol(アルコール類) 0.1-8.0% α-Pinene(モノテルペン類) 1.3-4.4%			
注 意 事 項	なし。			

ブレンドアドバイス
相性の良い精油

🌿ペパーミント　🌿ローズマリー　🌿サイプレス
🌿レモンマートル　🌿レモンティートリー
🌿パインスコッツ　🌿ブラックペッパー
🌿ジンジャー　🌿シナモンバーク

レモンは、鮮度の良い精油ほど爽快な刺激があり、柑橘系の中で最も鋭さを持つため、嗅いだ瞬間に目がパッと開くような香りを放ちます。ただ、**ブレンドをする場合には、他の精油に隠れてしまうほど香りが立ちにくい精油**です。そのため、レモンの爽快さを出したい場合には、その割合と配分に気をつけることがとても大切であると同時に、**レモン調の香りを放つ(アルデヒド類の特性を保持する)精油をほんの少量加える**ことで、格段にレモンそのものが持つ香りの印象を押し上げてくれます。あくまでレモンの特性が隠れてしまうのではなく、生かすためのブレンドに挑戦してみましょう。

グリーンレモン

Green Lemon

心地よく深い呼吸を促し不安解消

季節の変わり目などに、リフレッシュ感を与える香り

　透き通るように鼻から抜ける爽快な鋭さを持つグリーンレモンは、通常のレモンが甘いと感じるほどに、バランスの良い苦味を与えてくれます。集中力や心身に滞りを感じる時に、クリアに洗浄してくれるかのように不安な状態を一掃し、心地よく深い呼吸と共に明瞭さを感じさせてくれる香りです。運動不足や四肢の冷え、むくみや循環の悪さを感じている場合に入浴やマッサージケア、そして芳香浴として呼吸を整えながら活用するのに最適な精油です。また、ハウスキーピングや空間のスプレーなど、他の精油とブレンドすることで空気の清浄と清涼感を高めてくれます。季節の変わり目など、特に春から夏の終わりの時期に、スッキリとしたリフレッシュ感を与え続けてくれる香りです。

学　　　　名	*Citrus limonum*		
科　　　　名	ミカン科	抽 出 方 法	圧搾法
抽 出 部 位	果皮	ノ ー ト	トップ
主 な 産 地	フロリダ、カリフォルニア、スペイン、イタリア		
主 な 作 用	抗炎症作用　　抗感染作用　　抗菌作用　　消化促進作用　　循環促進作用		
主な化学成分	Limonene（モノテルペン類）55-70%／β-Pinene（モノテルペン類）6-20%　γ-Terpinene（モノテルペン類）2-15%／α-Terpinene（モノテルペン類）1-5%		
注 意 事 項	なし。		

ブレンドアドバイス 相性の良い精油

🌿ローズマリー　🌿ユーカリ　✳ネロリナ　🌿ラベンダースパイク　🌿ジンジャー
🌿コリアンダーリーフ　✳シダーウッド　🌿メイチャン　🌿ティートリー　🌿シナモンリーフ

グリーンレモンは、より若いグリーンな香りの余韻を感じることができるため、スパイシーな精油や優しい甘さを感じる精油との相性が良いです。

シトロン

Citron

リウマチや糖尿病、認知症のケアにも

柑橘系特有の爽やかで深みのある良い香り

　爽やかさの中にも深みを感じさせる強い香りが独特なシトロン。日本では容易に手に取ることができないレモンと類縁関係の柑橘類ですが、その歴史は長く、インドから中近東を経てイタリアへ渡ったといわれており、南イタリアの特産物として有名です。抽出量が他の柑橘系に比べて少なく、ヨーロッパの農家では真っ先に売り切れとなる精油です。古くからリウマチや糖尿病、認知症、高血圧のケアや、炎症を抑える等の様々な症状の緩和に活用され、虫除けの香りとしても役立てられてきました。働きへの期待値が高いので、ブレンドする際、レモンの種類の選択肢として、とても魅力的な精油の1つといえます。

学　　　名	*Citrus medica*		
科　　　名	ミカン科	抽 出 方 法	圧搾法
抽 出 部 位	果皮	ノ ー ト	トップ
主 な 産 地	フロリダ、カリフォルニア、スペイン、イタリア		
主 な 作 用	抗炎症作用　　抗感染作用　　抗菌作用　　消化促進作用　　虫除け作用		
主な化学成分	Limonene (モノテルペン類) 60–65% ／ Citral (アルデヒド類) 23–25%　γ-Terpinene (モノテルペン類) 3–10% ／ α-Terpinene (モノテルペン類) 1–5%		
注 意 事 項	なし。		

ブレンドアドバイス 相性の良い精油

ペパーミント　フラゴニア　ティートリー　ネロリ　スペアミント　バジル　ジュニパーベリー　フェンネル　サンダルウッド　ブッダウッド　タイム

シトロンは、爽快感の中にグリーンでドライな香りを感じることができる香りを放ち、ハーブ調の特性を保持する精油との相性が良いです。

047

レッドマンダリン

Red Mandarin

緊張感を解きほぐし
消化の働きを助ける

食品の味付けや香り付けとしても、多く活用されている香り

　甘く落ち着きのある優しい香りを放つレッドマンダリンは、とても穏やかな働きを与えてくれる精油です。マンダリンとタンジェリンは同じ種であり、国によって呼称が変化しています。また、「サツマ/Satsuma」とも呼ばれ、一般市場で食用としても販売され、ヨーロッパではよく目にすることができます。マンダリンは歴史的にオレンジなどの代用や食品の味付けや香り付けとしても多く活用され、その温和な香りに魅了されてきました。ゆったりとした時間を与えてくれるとともに、緊張感を解きほぐしながら膨満感など消化の働きを助けてくれます。子供や妊産婦、ご高齢の方にも安心して活用できる精油で、敏感な肌や、油性肌が気になる方にもおすすめの精油です。

学　　　名	Citrus reticulata		
科　　　名	ミカン科	抽 出 方 法	圧搾法
抽 出 部 位	果皮	ノ　ー　ト	トップ
主 な 産 地	スペイン、イタリア、ブラジル、アフリカ、中国など		
主 な 作 用	抗酸化作用　　抗真菌作用　　消化促進作用　　浄化作用　　鎮けい作用 鎮静作用		
主な化学成分	Limonene(モノテルペン類)65-75%／γ-Terpinene(モノテルペン類)16-23% α-Pinene(モノテルペン類)2.0-3%／β-Pinene(モノテルペン類)1-3%など		
注 意 事 項	なし。		

ブレンドアドバイス 相性の良い精油

❀ラベンダー　❀ネロリ　🍃ローレル　❀イランイラン　❀サンダルウッド　🍃スペアミント
🍃タイム　🍃ロザリナ　❀ローマンカモミール　🍃シナモンパーク　❀ローズ　❀ゼラニウム

レッドマンダリンは、鮮やかなオレンジ色を保持し甘く優しい香りを放ち、フローラルな精油やスパイシーな精油との相性が良いです。

グリーンマンダリン

Green Mandarin

呼吸を整えて
サポート

奥深くどこか懐かしさを感じる、安心を与える香り

　グリーンな深い爽快さと甘く優しい香りを放つグリーンマンダリンは、早積みで収穫されたマンダリンです。あえて熟した時期に収穫するのではなく、少し早めに収穫することで、その精油の香りに違いが生じます。レッドマンダリンが食用としても多く活用されているのとは違って、グリーンマンダリンは主に精油として香りが重視された商品活用が多く、その奥深い香りとどこか懐かしさを感じる安心を与える香りが、香水や精油ブレンドなどに重宝されています。高揚感と落ち着きを与え、こころの中の柔らかい部分に触れるような、優しさを与えてくれる香り。凝り固まった疲労感を溶かすように、心身の力を抜きながら、少しずつ呼吸を整えるサポートをする精油です。

学　　　　名	*Citrus reticulata*		
科　　　　名	ミカン科	抽 出 方 法	圧搾法
抽 出 部 位	果皮	ノ　ー　ト	トップ
主 な 産 地	スペイン、イタリア、ブラジル、アフリカ、中国など		
主 な 作 用	抗酸化作用　　　抗真菌作用　　　消化促進作用　　　浄化作用　　　鎮けい作用　　　鎮静作用		
主な化学成分	Limonene（モノテルペン類）65-75%／γ-Terpinene（モノテルペン類）16-23%　α-Pinene（モノテルペン類）2.0-3%／β-Pinene（モノテルペン類）1-3%など		
注 意 事 項	なし。		

ブレンドアドバイス 相性の良い精油

 ネロリ　 ラバンディン　 パチュリ　 ペパーミント　タイム　ネロリナ　ジャーマンカモミール　ジャスミン　ティートリー　ブラックペッパー　スプルースブラック

　グリーンマンダリンは、爽快感とグリーンな香りを放ち、特徴のあるハーブ調の香りを保持する精油が加わると優しい香りに変化します。

ライム

Lime

消化を程よく刺激する香り

爽快感のある香りは、インフルエンザなどの感染予防にも

　ライムは爽快感と苦味の両方を感じる精油で、その働きとしてはレモンの精油にとても類似しています。リフレッシュや元気付けの香りとして、精神疲労や無気力な状態、そして不安感に有効的な香りといわれています。ライムはのどの痛みを感じる時、インフルエンザなどの感染予防の精油として、さらに老廃物除去やセルライトケアサポートとしても有効的な精油です。また飲用でもよく活用されている通り、歴史的に消化を程よく刺激する香りと成分をもつ精油として重宝されてきました。肌への活用として収斂、抗菌作用の働きを期待したニキビケアにも大変よく働くとされますが、多少光毒性の問題が懸念されますので、活用の際には使用時の希釈や使用方法に十分に考慮して有効的に活用しましょう。

学　　　名	*Citrus aurantifolia*		
科　　　名	ミカン科	抽 出 方 法	圧搾法
抽 出 部 位	果皮	ノ　ー　ト	トップ
主 な 産 地	イタリア、西インド、北米、南米など		
主 な 作 用	解熱作用　抗ウイルス作用　抗菌作用　殺虫作用　収れん作用		
主な化学成分	Limonene（モノテルペン類）45-50％／β-Pinene（モノテルペン類）2-23％ γ-Terpinene（モノテルペン類）8-10％／Sabinene（モノテルペン類）2.5-3％ α-Bergamotene（フロクマリン類）1-1.5％		
注 意 事 項	●希釈濃度や使用方法に注意が必要です。		

ブレンドアドバイス 相性の良い精油

ジュニパーベリー　ブラックペッパー　タイム　ローズマリー　パチュリ　ベティバー　サイプレス　ジャスミン　シダーウッド　ペティグレン　ラベンダースパイク

ライムは、ドライな爽快感と落ち着きがあるため、強いハーブ調の香りを放つ精油を少し加えることで、バランスが変化する精油です。

クレメンティン

Clementine

安らぎを与え
入眠のためにサポート

優しさと柔らかさを兼ね備えた、親しみやすく安心できる香り

オレンジとマンダリンの交配種であるオーガニッククレメンティンの香りは、優しさと柔らかさを兼ね備えているのが特徴的。落ち着きと安心感を与えてくれる香りを放ちます。働きとしては抗菌作用や抗酸化作用に加え、カンジダなどの菌に有効とされる抗真菌作用も認められています。どこか懐かしく穏やかで明るい印象を併せ持つ香りは、心身のバランスをゆっくり整え、ストレスが原因の腹部の不調和改善にも役立ちます。香りを嗅ぐことで滞りがちな鼻からの呼吸を回復させ、血流循環をサポートし、入眠のための安らぎの時間を与えてくれます。女性の不定愁訴や免疫を強化するための呼吸をサポートしてくれる精油といえます。

学 名	*Citrus clementina*		
科 名	ミカン科	抽 出 方 法	圧搾法
抽 出 部 位	果皮	ノ ー ト	トップ
主 な 産 地	スペイン、イタリア、ブラジル、アフリカ、中国など		
主 な 作 用	抗感染作用　　抗菌作用　　抗酸化作用　　抗真菌作用　　鎮静作用　　バランス作用		
主な化学成分	Limonene(モノテルペン類)85-95%／Myrcene(モノテルペン類)1.5-2%　Linalool(アルコール類)0.2-0.6%／Sabinene(モノテルペン類)0.5-1%など		
注 意 事 項	なし。		

ブレンドアドバイス 相性の良い精油

❀ラベンダー　🌿ティートリー　❀ローズ　❀パルマローザ　❀パチュリ　❀ネロリ　🌿スペアミント　🌿ユーカリ　🌿バジル　🌿スプルースブラック　❀ジャーマンカモミール　🌿フラゴニア

クレメンティンは、他の柑橘系の精油に比べて落ち着きと深さのある優しさを保持し、甘さ、苦さ、グリーンなどマルチに相性が良い精油です。

ゆず

Yuzu

子供や妊産婦も安全に使用できる

食品や飲料など、身近に感じることができるフレッシュな香り

　シャープさと苦味に爽快感と甘さのある深みをバランスよく持ち合わせ、上品な香りを放つゆず。歴史的に古くから大変身近に活用されている柑橘であり、日常生活の中でも食品や飲料で手に取ることができるゆずは、年代問わず、多くの人々に寄り添っています。他の柑橘系では感じられない独特な香りは、落ち着きを与えながら心身のバランスも整えてくれます。ふと、深い呼吸が必要だと気付かせてくれたり、気分転換や明瞭感が欲しい時にも役立ち、循環促進のサポートや痛みの緩和などにも有効です。大気汚染を無害化する働きを持つと言われるβ-フェランドレンを含み、心地よい良い香りと共に環境にも寄り添うことができる精油です。

学　　　　名	*Citrus junos*		
科　　　　名	ミカン科	抽 出 方 法	圧搾法
抽 出 部 位	果皮	ノ　ー　ト	トップ
主 な 産 地	日本、中国		
主 な 作 用	空気浄化作用　抗炎症作用　抗感染作用　抗菌作用　循環促進作用　鎮痛作用		
主な化学成分	Limonene（モノテルペン類）60〜65%／γ-Terpinene（モノテルペン類）12〜14%　β-Phellandrene（モノテルペン類）5〜7%／Linalool（アルコール類）2〜4%など		
注 意 事 項	なし。		

ブレンドアドバイス 相性の良い精油

🌿月桃　❀ヒバ　❀ヒノキ　❀ラベンダー　❀シダーウッド　❀サンダルウッド
❀ブッダウッド　❀ネロリナ　🌿レモンマートル　❀クロモジ　❀ジュニパーベリー

ゆずは、苦さとグリーンな香りを強くしっかりと放ち、甘さを保持する他の精油やドライな精油との相性が良くバランスを保ちます。

How to use essential oils — Aroma diffuse & Inhalation

芳香浴・吸入

芳香浴

精油の香りを部屋に拡散
ライフスタイルに合った方法で楽しみましょう

精油の香りを部屋の中に拡散させて楽しむ方法が芳香浴。ディフューザーなどの専用器具を使って広く拡散させる方法がポピュラーです。ティッシュに精油を垂らしたり、スプレーを手づくりして拡散する方法でも楽しめます。

　一般的には、超音波による振動で水蒸気とともに香りを拡散させるディフューザー、キャンドルの炎で精油を揮発(蒸発)させるオイルウォーマー、電球の熱を利用するアロマライトなどがありますが、精油には水に溶けない性質や、引火性があります。さらには熱に弱い性質があるため、火も熱も水も使わない精油のみを拡散できるディフューザーが推奨されています。

スプレーで芳香浴

水と精油をスプレーボトルに入れるだけの簡単スプレーを利用しましょう。専用の器具はなくても、部屋の中に香りを漂わせることができます。使用する水は、薬局で販売している精製水または飲料用ミネラルウォーターを使います。水と精油は分離するため、使用する前によく振ってから噴射してください。

方法 スプレーボトルに水を50mℓ入れ、精油を20〜25滴混ぜます。強めに香らせたい場合は30滴混ぜます。

※アルコールを混ぜる場合は、2%前後加えてください。

ティッシュに垂らして芳香浴

芳香浴を一番簡単に楽しめるのは、精油を吸収しやすいティッシュや試香紙などに数滴垂らして利用する方法です。器具を使わないので、とても手軽。ポケットやカバンに入れ、時々香りを楽しむこともできます。就寝の際は、枕元に置くなどして使用できます。

方法 ティッシュに2〜6滴垂らして近くに置きます。携帯する場合は、精油を垂らした部分が肌につかないように注意しましょう。

吸入

精油の揮発成分を深呼吸とともに体内へ

吸入は精油の揮発成分を身近にある道具を使って吸い込む方法。主に風邪の予防や呼吸器系のトラブル、吐き気を抑えたい時、気分転換したい時などに役立ちます。マグカップや洗面器に入れたお湯に精油を数滴垂らせば、蒸気とともに精油の芳香成分を吸入できますし、マスクに数滴垂らすだけでもかまいません。

マグカップや洗面器を使った吸入

マグカップに熱めのお湯を入れるか、洗面器や洗面台に熱いお湯をはり、精油を2〜3滴垂らします。立ち上る蒸気に顔を近づけ、ゆっくり深呼吸しましょう。洗面器を使う場合は、頭から大きめのタオルをかぶると蒸気が逃げず、さらに効果的です。

マスクを使った吸入

マスクをつけた時に、下の角になる部分に精油を1〜2滴垂らします。精油を垂らした部分が肌に密着しないように注意しましょう。

下の角に精油を垂らす

吸入の注意 精油を垂らした直後に顔を近づけ過ぎないように注意しましょう。急激に香りを含んだ蒸気を吸い込むと、むせてしまうことがあります。また、マグカップを使用する場合は、精油を混ぜたお湯を飲用しないように、自分もまわりの人も十分に注意しましょう。

TOP

MIDDLE

トップ・ミドルノート

056 ローズマリーシネオール	081 レモンマートル
058 ローズマリーカンファー	082 レモングラス
059 ローズマリーベルベノン	083 シトロネラ
060 ユーカリプタス ラディアータ	084 メイチャン
062 ユーカリプタス グロビュラス	085 パインスコッツ
063 ユーカリプタス シトリアドラ	086 スプルースブラック
064 ラベンダースパイク	087 ラベンサラ
066 ラバンディン	088 シナモンリーフ
068 ティートリー	089 ウインターグリーン
070 ロザリナ	090 コリアンダーリーフ
071 ニアウリ	091 月桃
072 カユプテ	092 トドマツ(モミ)
073 レモンティートリー	093 メリッサ
074 フラゴニア	094 ネロリナ
076 レモンペティグレン	095 ホワイトクンジィア
077 バジル	096 ジンジャー
078 ペパーミント	098 ブラックペッパー
079 スペアミント	100 カルダモン
080 コーンミント(和ハッカ)	

ローズマリー シネオール

Rosemary, 1.8 cineole

程よい活力と刺激のある 記憶の香り

心身疲労や動悸、低血圧、四肢の冷えに有効

　鼻にスッと抜けるような程よい鋭さと爽快感、さらに甘さのあるグリーンな香りを放つローズマリーシネオールは、自然と深い呼吸へと導いてくれる精油です。世界中でもっとも活用され、もっとも愛されている芳香植物の1つです。ラテン語で「海のバラ」という意味を持つros marinusが語源。古代エジプト人はファラオ王の墓で小枝を焚き捧げる習慣があり、乾燥した小枝が墓から見つかっています。古代ギリシャやローマでは愛と誠実を表し、結婚式や厳粛な儀式、葬式などに用いられ、死者に敬意を表す芳香植物として活用されてきた古い歴史があります。

　様々な種類があるローズマリーケモタイプの中でも、1.8シネオールは自信や強さ、意欲や信頼を取り戻すためのサポートをしてくれるのが特徴的です。また、脳内の血流量を増加させたり、記憶力に集中力、循環機能や代謝を高める効果もあり、筋肉のこりやこむらがえり、関節症など、免疫系や循環器系に関わる不調和改善と、幅広いケアに役立ちます。自律神経のバランスに関わる消化器系や呼吸器系の症状緩和にも有効で、包括的なケアに対する働きも期待できる精油です。冷えや運動不足など、心身における代謝を高めることが必要な場合には、この精油で心地よい呼吸と深呼吸を組み合わせながら、手や足の末端部分にゆっくりとマッサージケアを行うのがおすすめです。高血圧が長期間続いている方は、使用の際に注意してください。

ほかの植物にも共通しますが、オーガニック栽培とそうでないものは、明らかに香りが異なります。

生育も早くベランダなどでも栽培でき、料理など用途も広いので初めてのハーブ栽培におすすめ。

近くを歩くだけで香りがするローズマリー。どこでも育ちやすいため、日本でもよく目にします。針のような葉から強い芳香を放ちます。料理用ハーブとしてもよく用いられます。春になると白、青紫、ピンクなどの、優しい印象の花を咲かせ、多くの蜂が寄ってきます。

学　　　　　名	Rosmarinus officinalis ct 1,8 cineole			
科　　　　　名	シソ科	抽 出 方 法	水蒸気蒸留法	
抽 出 部 位	葉、枝	ノ　ー　ト	トップ・ミドル	
主 な 産 地	チュニジア、スペイン、モロッコ、フランス、地中海地方			
主 な 作 用	血圧上昇作用	月経調整作用	抗感染作用	抗菌作用	抗真菌作用
	抗リウマチ作用	循環促進作用	消化促進作用	神経強壮作用	性的強壮作用
	鎮けい作用				
主な化学成分	1,8 Cineole (オキサイド類) 39.0-57.7％／Camphor (ケトン類) 7.4-14.9％ α-Pinene (モノテルペン類) 9.6-12.7％／β-Pinene (モノテルペン類) 5.5-7.8％			
注 意 事 項	●妊娠中・授乳中・乳幼児・高齢者・高血圧の方の使用に注意が必要です。			

ブレンドアドバイス
相性の良い精油

ネロリ　　シダーウッド　　フランキンセンス
プティグレン　　グレープフルーツ　　レモン
サンダルウッド　　レモンティートリー
ブルーサイプレス　　ヒバ

ローズマリーシネオールは、落ち着いた爽快感と明瞭感の中に苦みとグリーンさを兼ね備えた香りを放ち、精油の質によってその印象の違いが明確に分かれる精油です。**甘さや深さのある精油との相性が良く**、さらにニュートラルな特性が出にくい精油と組み合わせることでも、**それぞれの良さを引き出しながらバランスを整えてくれる精油**です。爽快感のある精油と組み合わせすぎてしまうと、ローズマリーシネオール本来の落ち着いた爽快感が崩れ、刺激のある爽快感の集まりのような印象となってしまうため、十分に配分や加える精油のバランスを変えて挑戦してみましょう。

ローズマリー カンファー

Rosemary, champhor

血流や筋肉の動きをサポート

爽快感と苦味、さらに深みを感じるグリーンな香りが特性

　ケモタイプの中でも爽快感に苦味、深みを感じるグリーンな香りが特徴的。循環器系に対する働きが有効とされる精油です。血流や筋肉の動きのサポートに役立つのでスポーツ選手のケアには最適で、運動前後のスレッチやクールダウンに活用すると効果的。鋭い香りは無気力な状態の改善やサポートにも役立ちます。ただし、香りが鋭い分、刺激を感じる場合も。成分特性からも、疾患のない成人への活用がおすすめです。また、カンファーの成分は「樟脳」として日本でも古くから親しまれている香り。虫などの忌避作用も考えた使用方法も可能です。

学　　　　名	Rosmarinus officinalis ct camphor				
科　　　　名	シソ科		抽 出 方 法	水蒸気蒸留法	
抽 出 部 位	葉、枝		ノ　ー　ト	トップ・ミドル	
主 な 産 地	チュニジア、スペイン、モロッコ、フランス、地中海地方				
主 な 作 用	血圧上昇作用	月経調整作用	抗感染作用	抗菌作用	抗真菌作用
	抗リウマチ作用	循環促進作用	消化促進作用	神経強壮作用	性的強壮作用
	鎮けい作用				
主な化学成分	Camphor（ケトン類）17.0-27.3%／1,8 Cineole（オキサイド類）17.0-22.5% α-Pinene（モノテルペン類）4.4-22.0%				
注 意 事 項	●妊娠中・授乳中・乳幼児は使用を控えてください。 ●高齢者・高血圧の方の使用は注意が必要です。				

ブレンドアドバイス 相性の良い精油

❋ネロリナ 🍃バジル ❋オレンジスイート ❋ジャーマンカモミール ➷ジュニパーベリー ❋サイプレス ❋イランイラン ❋シダーウッド ❋グリーンレモン ❋ネロリ

ローズマリーカンファーは、鋭い抜けるような爽快さと苦味のある刺激を放つため、ミドルノートからの落ち着いた甘さやグリーンさをもつ精油との相性が良いです。

ローズマリー ベルベノン

Rosemary, verbenone

呼吸器系や循環器系の調和改善

爽快感が弱く、落ち着きのある香り

　他のローズマリーよりもスッとした爽快感が弱く、優しさと落ち着きを感じる深みのあるグリーンな香りが印象的です。この落ち着いた香りが、他の精油と心地よいバランスを創造。中でも甘さのある精油とブレンドすると奥行きと深みのある温かさを与えてくれます。呼吸をゆっくりとサポートする安心感と程よい刺激が、やる気のなさや不安感、緊張を解き放ち、安眠へと導いてくれます。ホルモンバランスやメンタル面へのサポートとして入浴やマッサージに活用すると心地よく深い呼吸を保ち、免疫を強化するのに効果的。男女問わずに活用しやすい精油です。

学　　　　　名	Rosmarinus officinalis ct verbenone		
科　　　　　名	シソ科	抽 出 方 法	水蒸気蒸留法
抽 出 部 位	葉、枝	ノ　ー　ト	トップ・ミドル
主 な 産 地	チュニジア、スペイン、モロッコ、フランス、地中海地方		
主 な 作 用	血圧上昇作用　月経調整作用　抗感染作用　抗菌作用　抗真菌作用 抗リウマチ作用　循環促進作用　消化促進作用　神経強壮作用　性的強壮作用 鎮けい作用		
主な化学成分	Camphor（ケトン類）11.3–14.9％／Verbenone（ケトン類）7.6–12.3％ α–Pinene（モノテルペン類）2.5–9.3％／1,8 Cineole（オキサイド類）0–9.0％		
注 意 事 項	●妊娠中・授乳中・乳幼児は使用を控えてください。 ●高齢者・高血圧の方の使用は注意が必要です。		

ブレンドアドバイス　相性の良い精油

ジュニパーベリー　ローズ　ラベンダースパイク　ネロリ　レッドマンダリン　スプルースブラック　ローレル　パチュリ　ベティバー　シナモンバーク　クローブ

ローズマリーベルベノンは、ローズマリーの中でも爽快感が最も少なく落ち着いた香りの特性を持ち、爽快感や優しさのある精油との相性が良い精油です。

ユーカリプタス ラディアータ

Eucalyptus Narrow Leaf

爽快さを放ち呼吸を
スムーズにサポート

爽快感と鼻に抜ける心地よさのあるグリーンな香りが特性

　柑橘系に似たようなフレッシュな爽快感と優しい甘さ、そして透明感のある香りを放つユーカリプタス ラディアータ。コアラが食するユーカリ（ユーカリプタス種）は、特にオーストラリア東側に多く生息し、様々な種類の精油を抽出するオーストラリアを代表する木です。オーストラリア先住民であるアボリジニの時代から、多岐に渡って心身のケアやケガを修復する薬として頻繁に活用されてきた歴史を持ち、薬効性が古くから認められきた、とても有名な精油の１つです。

　ユーカリは、「肺を開く・OPEN THE LUNG」という代名詞をもつほどにその呼吸器系への活用、有効性が説かれてきた精油です。現在、私たちが活用している様々な呼吸器系のケア商品や商材の多くには、ユーカリが組み込まれています。オーストラリアでは日常的な常備品で、薬局などの店舗で販売していますが、必ず商品ラベルには有効性とともに厳しい注意書きも記されています。

　独特の爽快感ある香りはメンタル面にも有効で、憂鬱な気分の一掃に役立ちます。心の中にしっかりと空気を送りこみ、考えすぎや答えが出ない、考えが凝り固まったような状態から、少しずつ解放してくれます。また、副鼻腔炎や気管支炎などの呼吸器系の症状緩和に加え、消毒や抗ウイルス作用に優れ、鎮静作用も持ち合わせているのも特徴。筋肉痛や心身に痛みを感じている状況にも、力を発揮する精油です。

ユーカリプタスの葉はコアラの重要な水分供給源

コアラはユーカリプタスの葉から水分を得ているために、貴重な供給源でもあります。また、ユーカリプタスは大規模な山火事で広範囲に渡って焼けてしまうことも多々ありますが、これはユーカリプタスの葉に含まれている精油に引火して火がより広がるためです。揮発性が高いこの精油は、太陽の光が当たると一斉に精油を空気中に揮発させ、空気中にはブルーヘーズという青色の層ができると言われています。こうやって燃えても、ミネラル分を栄養としてすぐに再生するのがユーカリプタスの木。その生命力は、命の源である空気を体内に送り込む、呼吸器系をサポートする精油の働きと重なります。

勇ましい印象の木。葉に豊富な精油を含むため、山火事になると一気に燃え広がります。

学　　　　名	Eucalyptus radiata			
科　　　　名	フトモモ科	抽 出 方 法	水蒸気蒸留法	
抽 出 部 位	葉	ノ　ー　ト	トップ・ミドル	
主 な 産 地	オーストラリア(タスマニアを含む)			
主 な 作 用	去たん作用　血糖値低下作用　解熱作用　抗ウイルス作用　抗感染作用 抗菌作用　抗真菌作用　殺菌作用　循環促進作用　鎮静作用 免疫強壮作用			
主な化学成分	1,8 Cineole(オキシド類)60-64.5%／α-Terpineol(アルコール類)0-15.2% Piperitol(アルコール類)0.9-14.9.%／Limonene(モノテルペン類)5.4-6.3% α-Pinene(モノテルペン類)2%			
注 意 事 項	なし。			

ブレンドアドバイス
相性の良い精油

- オレンジスイート
- ネロリ
- カルダモン
- ローレル
- ラベンダー
- パチュリ
- シダーウッド
- グリーンマンダリン
- タイム
- ネロリナ
- ロザリナ
- シナモンリーフ

ユーカリプタス ラディアータは、明るさと爽快感を持つとてもマルチにバランスを与える香りの特性を持ち、**あらゆる精油との相性が良い**です。特に**柑橘系全般の精油、グリーンな深みのある精油、またウッディな香りと組み合わせる**ことによって、変化するバランスを整え、常に心地よく呼吸ができるような香りの印象を与えてくれます。ユーカリプタス ラディアータが本来持つ香りを邪魔しないように、あまり爽快感の強い精油を多く組み合わせないようにすることがポイントです。

ユーカリプタス グロビュラス

Eucalyptus Blue Gum

落ち着いた香りで心地よい呼吸へ

苦味のある爽快感を感じる香り、呼吸器系のトラブルを改善

　苦味のある爽快感に深み、そして重さを感じるグリーンな香りが特性です。ユーカリプタス グロビュラス（※グロブルスとも呼ばれます）は、ユーカリプタス ラディアータと類似した成分特徴を持ち、同様な活用方法が適応されます。深い慢性的な呼吸器系の症状を持つ方におすすめの精油です。ただし、苦味と強い刺激を感じるユーカリ種なので、その有効性を引き出して心地よい香りで活用するには、ブレンドが必要です。木から抽出されたベースがしっかりと香る精油と好相性です。また、精油量を増やしても有効性は倍増しませんので、香りのバランスを整えることを優先し、心地よい呼吸へ導く活用法がおすすめです。

学　　　名	Eucalyptus globulus		
科　　　名	フトモモ科	抽 出 方 法	水蒸気蒸留法
抽 出 部 位	葉	ノ　ー　ト	トップ・ミドル
主 な 産 地	オーストラリア（タスマニアを含む）		
主 な 作 用	去たん作用　　血糖値低下作用　　解熱作用　　抗ウイルス作用　　抗感染作用 抗菌作用　　抗真菌作用　　殺菌作用　　循環促進作用　　鎮静作用 免疫強壮作用		
主な化学成分	1,8 Cineole（オキサイド類）65.4–83.9%／α–Pinene（モノテルペン類）3.7–14.7% Limonene（モノテルペン類）1.8–9.0%／Globulol（アルコール類）tr–5.3%		
注 意 事 項	なし。		

ブレンドアドバイス 相性の良い精油

❋ グレープフルーツ ❋ クロモジ ❋ ネロリナ ローレル パチュリ スペアミント ジュニパーベリー ラバンディン レモンマートル ❋ ローマンカモミール

　ユーカリプタス グロビュラスは、特徴のある刺激的な苦味と爽快感を持ち合わせていますが、他の特徴的な香りを放つ精油とのブレンドが絶妙に仕上がる精油です。

ユーカリプタス シトリアドラ

Eucalyptus Lemon

虫よけとして野外での活動に

フレッシュな爽快感と深みのグリーンな香り

　ハッとするようなレモン調のフレッシュな爽快感と深みとバランスを感じるグリーンな香りが特性のユーカリプタス シトリアドラ。他のユーカリ種に比べて、明らかにその香りと印象が異なります。成分としてはアルデヒド類のシトロネラールの含有率が高く、際立つレモン調の香りが特徴的です。歴史的にも虫への忌避的な活用が認められています。英国では、国防省における兵士への野外活動においての活用に研究が進められています。ほかにも、抗菌や抗感染の活用にも期待され、可能性が多岐にわたる精油。ただし、皮膚に塗布すると皮膚刺激を感じる場合があり、十分な注意が必要です。芳香以外の、スキンケアを目的とした処方への多量使用は、おすすめできません。

学　　　　名	Eucalyptus citriodora				
科　　　　名	フトモモ科	抽 出 方 法	水蒸気蒸留法		
抽 出 部 位	葉	ノ ー ト	トップ・ミドル		
主 な 産 地	オーストラリア（タスマニアを含む）				
主 な 作 用	去たん作用	血糖値低下作用	解熱作用	抗ウイルス作用	抗感染作用
	抗菌作用	抗真菌作用	殺菌作用	循環促進作用	鎮静作用
	免疫強壮作用				
主な化学成分	Citronellal（アルデヒド類）56.3%／Citronellyl acetate（エステル類）11.4% Citronellol（アルコール類）7.8%／1,8 Cineole（オキサイド類）2.0%				
注 意 事 項	●皮膚刺激を感じる場合があります。				

ブレンドアドバイス 相性の良い精油

❋レモン ❋グリーンレモン ❋レモングラス ❋パチュリ ❋パルマローザ ❋シダーウッド ❋イランイラン ❋ベチバー ❋ブッダウッド ❋フラゴニア ❋タイム ❋フェンネル

ユーカリプタス シトリアドラは、爽快な刺激のあるレモン調の香りが特徴で、同じようにレモン調の香りの精油や、甘さの強い香りやウッディな香りとの相性が良いです。

ラベンダー スパイク

Lavender Spike

甘さと爽快さで 循環をサポート

程よい刺激と爽快感のある鋭い香り

　甘さのある優しいグリーンな香りと共に、爽快さと鋭さを併せ持った香りを放つラベンダースパイク。通常、ラベンダーとして活用される真正ラベンダーとの香りの違いに、驚く人も少なくありません。香りが特徴的である理由は、1.8シネオールとカンファーを含有しているためで、ローズマリーやミントなど、他のシソ科の植物の特性を持っているから。

　特にその成分特性から、気管支炎や喘息などの呼吸器系の症状緩和や、筋肉痛やスポーツ前後のケアに加え、頭痛に偏頭痛、むくみなどの症状緩和に役立つ等、リンパの流れや循環器系のサポートに対して、顕著に良い働きを期待することができます。

　また、記憶力や集中力の向上、認知症に対するケアに有効活用できる精油として挙げられます。特定の疾患などを保持しない成人には、使用に関する制限はありませんが、妊産婦及び乳幼児への使用は禁忌となりますので、十分に注意しましょう。

　さらに、高齢者に活用する場合にも同様です。他の症状や疾患を持っていないかを確認し、周りの家族に妊産婦や乳幼児がいないかどうかも、考慮しましょう。その上で、精油の使用容量や使用方法を注意しながら活用することが大切です。精油のブレンドでは、できるだけ心地よさを感じることができるバランスを重視し、この精油だけが特徴的に強く芳香されないように気をつけましょう。

主に3種類がポピュラー。流通量が多いのはラバンディン

ラベンダーは、私たちが真正ラベンダーと呼んでいる*Lavandula angustifolia*のほかに、ラベンダースパイク（*Lavandula latifolia*）やラバンディン（*Lavandula hybrida*）の精油を販売店で手に取ることができます。この3種類の中では、ラバンディンが真正ラベンダーとラベンダースパイクの交配種となりますので、価格も真正ラベンダーなどに比べて安価であり、収穫量も10倍ほどになります。また、香りのバランスも良いため、工業的にも最も活用されています。香りが近いという現実から、真正ラベンダーとラバンディンを混ぜて出荷されてしまう場合もありますが、本来、植物として見た目は違いますし、含まれる成分も異なります。

左がひざくらいまでの丈の真正ラベンダーで、右が胸の高さまであるラバンディン。比べると背丈の違いがよくわかります。

精油ガイド90　トップ・ミドル　ラベンダースパイク

学　　　名	*Lavandula latifolia*		
科　　　名	シソ科	抽 出 方 法	水蒸気蒸留法
抽 出 部 位	花穂と葉	ノ　ー　ト	トップ・ミドル
主 な 産 地	フランス、クロアチア、ブルガリア、カリフォルニア、タスマニア		
主 な 作 用	抗炎症作用　　抗感染作用　　抗菌作用　　循環促進作用　　鎮静作用　鎮痛作用		
主な化学成分	Linalool（アルコール類）27.2-43.1％／1,8 Cineole（オキサイド類）28.0-34.9％　Camphor（ケトン類）10.8-23.2％／Borneol（アルコール類）0.9-3.6％		
注 意 事 項	●妊娠中・授乳中・高齢者・乳幼児の使用は控えてください。		

ブレンドアドバイス
相性の良い精油

- オレンジスイート
- ベルガモット
- ローレル
- シダーウッド
- ブラックペッパー
- タイム
- パインスコッツ
- イランイラン
- ネロリナ
- マージョラム
- フランキンセンス

ラベンダースパイクは、程よい刺激と爽快感の中にグリーンな香りを併せ持つのが特徴的で、ラベンダー本来の優しさのある香りも放っています。甘さと共に、**こもったような香りの特性をもった強い香りの精油を優しく変化させたり、軽さを与える精油**です。あまり多くブレンドで配分してしまうと、刺激的な香りだけが強調されるような印象となる場合があるため、一緒に組み合わせる精油とのバランスにおいては、**少し控えめに活用するとうまくブレンドが整う**ことが多いでしょう。

ラバンディン

Lavandin

自然がもたらす
ラベンダー融合の爽快さ

精油ガイド90

トップ・ミドル

ラバンディン

芳醇な甘さと心地よさを感じるバランスの良い香り

　芳醇な甘さと優しさ、そして爽快さと鋭さの両面を持ちバランス良い香りを放つラバンディン。その爽快でクリアな印象を与える香りは、男女問わずに好まれ、世界中の多くのバスタイムケア商品や化粧品に活用されています。とはいえ、このラベンダーは実際には、純粋な種類のラベンダーではありません。

　ラバンディンは、真正ラベンダーとラベンダースパイクの交配種（ハイブリッド）で、両方の成分を持ち合わせたものです。リナロールや酢酸リナリル、1.8シネオールとカンファーを含有しているラベンダーの種類に分類され、この絶妙な成分のバランスによって、その使用用途の幅が広がりました。商業的にクローンで栽培されていることも多く、真正ラベンダーの10倍近くの収穫量を見込むことができ、安価で取引されています。安価であることで、真正ラベンダーに比べて使用しやすい良い香りの精油という位置付けになり、世界中の様々な製品への活用頻度が高くなっていきました。

　手軽で身近にはなりましたが、ラバンディンはラベンダースパイクと同様の成分特性を保持します。妊産婦及び幼児への使用は禁忌となり、高齢者への活用にも十分な注意が必要です。他に保持している症状や疾患を考慮し、周りの家族に妊産婦や乳幼児の有無を確認した上で、精油の使用容量や使用方法を注意しながら活用することが大切です。

大人の腰の高さ程に背丈のあるラバンディン。

南フランスで目にする
ことができる壮大なラ
バンディンの畑。

©Melissa Farris 2004

学 名	*Lavandula hybrida (Lavandula intermedia)*		
科 名	シソ科	抽 出 方 法	水蒸気蒸留法
抽 出 部 位	花穂と葉	ノ ー ト	トップ・ミドル
主 な 産 地	フランス、クロアチア、ブルガリア、カリフォルニア、タスマニア		
主 な 作 用	抗炎症作用　　　抗感染作用　　　抗菌作用　　　循環促進作用　　　神経強壮作用 鎮けい作用　　　鎮静作用　　　鎮痛作用		
主な化学成分	Linalool(アルコール類)30.0~38,0%／Linalyl acetate(エステル類)20.0~30.0% Camphor(ケトン類)7.0~11.0%／1,8 Cineole(オキサイド類)6.0~11.0%		
注 意 事 項	●妊娠中・授乳中・高齢者・乳幼児の使用は控えてください。		

> **ブレンドアドバイス**
> 相性の良い精油

- ベルガモット
- グリーンマンダリン
- ローレル
- シダーウッド
- フランキンセンス
- ペティグレン
- シナモンバーク
- クローブ
- ティートリー
- ペパーミント

ラバンディンは、ラベンダーとラベンダースパイクの特性を両方持ち合わせた自然に交配種の香りの融合を感じることができる精油のため、**ラベンダーやラベンダースパイクと相性の良い精油は、全て候補として活用**できます。単品でも十分にその存在感と強い香りを放つため、**ブレンドの際には配分を少し控えめにスタート**し、爽快さをメインとしたいか？ 甘さや優しさをメインとしたいか？ によって、組み合わせる精油も異なります。他の精油とのバランスを楽しみながら調整し、変化させて活用することがおすすめです。

ティートリー

Tea Tree

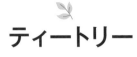

心身を守るために欠かせない力を発揮

心を安定させ、脳への血液循環も促進

爽快感の中に、壮大な自然を彷彿させるグリーンで清らかな香りを放つティートリー。オーストラリアでは誰もが知っていると言っても過言ではないほど、歴史的に活用されてきた芳香植物の1つです。

オーストラリア先住民であるアボリジニは、耐水性があり紙状で剥がれやすいティートリーの樹皮でカヌーをつくり、葉を潰して治療に活用していました。オーストラリアの東側地域を中心に、古くからオーストラリアの人々の心身を守る木として大切に栽培され、活用されています。

現地ではティートリーという名称は、*Melaleuca alternifolia* のみを表すものではなく、歴史的にティートリーレイクやその周辺に生息している他の *Melaleuca* 種や *Leptospermum* 種などを含めた総称です。精油を活用する際には、通称名や総称だけではなく、必ず学名と香りを確認し、活用することをおすすめします。私たちが通常、ティートリーと呼んでいるのは、*Melaleuca alternifolia* で、抗菌作用、抗真菌作用や免疫、神経系の強壮のために役立つことが知られている精油です。特に真菌への活用に顕著な結果を示しているため、口腔内の商品やフェミニンケア、ニキビケアの商品などに多く配合されています。のどの痛み、動悸や息切れ、無気力な状態、呼吸が浅くなっている状態の改善にも役立ち、心の安定にも大きく貢献します。免疫低下に伴う神経性疲労などに対しては高揚感を与えてくれ、私たちを支えて守ってくれる、心強い頼りになる精油です。

オーストラリアのティートリー畑。細い枝で、しっかりと上に向かって立っています。

1年目の若いティートリー。同じティートリーの枝葉でも、1年目と3年目では香りが大きく異なります。

精油が抽出される葉からは、クリーンでややシャープな香りがします。

針のように尖った葉ですが、しなやかで女性的な印象を受けます。

精油を抽出したあとの葉。肥料として畑で利用されます。

学　　　　名	Melaleuca alternifolia		
科　　　　名	フトモモ科	抽 出 方 法	水蒸気蒸留法
抽 出 部 位	葉	ノ　ー　ト	トップ・ミドル
主 な 産 地	オーストラリア、南アフリカ		
主 な 作 用	抗ウイルス作用　　抗感染作用　　抗菌作用　　抗真菌作用　　殺菌作用 静脈強壮作用　　神経強壮作用　　鎮痛作用　　免疫強壮作用		
主な化学成分	Terpinen-4-ol（アルコール類）39.8%／γ-Terpinene（モノテルペン類）20.1% α-Terpinene（モノテルペン類）9.6%／Terpinolene（モノテルペン類）3.5% 1,8 Cineole（オキサイド類）3.1%／α-Terpineol（アルコール類）2.8% p-Cymene（モノテルペン類）2.7%		
注 意 事 項	なし。		

ブレンドアドバイス
相性の良い精油

🌸オレンジスイート　🌸ラベンダー　🌸ネロリ
🌸シダーウッド　🌸パチュリ　🌿サイプレス
🌸ベルガモット　🌿クラリセージ　🌿タイム
🌸ゼラニウム　🌸ジャーマンカモミール　🌸サンダルウッド

ティートリーは、他の精油にはない優しさとグリーンな爽快感が徐々に変化して心身に浸透するような香りを放ち、**爽快感のある他の精油よりも、落ち着きのある優しさを持っている精油との相性がとても良い精油**です。あまりグリーンな香りを放つ精油だけでまとめてしまうと、強いハーブ調の香りだけになってしまうことがあります。バランスよく仕上げるためにも、様々な部位の違った精油を思い切って選び、その違いと変化を楽しんで組み合わせてみるのも、新しいティートリーの精油の香りを創造することにつながりますので、挑戦してみましょう。

ロザリナ

Rosalina

アロマセラピーケアの
活用に推奨

多岐にわたる活用が期待されている精油

　ティートリー種の中では、柔らかく優しい香りと酸味のある爽快さを放つロザリナ。1950年代に初めてオーストラリアで発見され、華やかな中に爽快感を感じさせる香りは「ラベンダーティートリー」という別名を持ち、その突出した鎮静作用が脚光を浴びました。副鼻腔炎や気管支炎、風邪の症状、虫刺され、湿疹、フケやニキビ、そして心身のリラックス作用に対する顕著な働きと、多岐にわたる活用を期待されている精油です。ティートリーの特性に柔らかさを兼ね備えた香りは、心身をゆっくりと落ち着かせる効果が高く、ティートリー種の中でも、より安全に活用できるとされ、小さい子供や高齢者へのケアに推奨されています。

学　　　　名	*Melaleuca ericifolia*		
科　　　　名	フトモモ科	抽 出 方 法	水蒸気蒸留法
抽 出 部 位	全草	ノ ー ト	トップ・ミドル
主 な 産 地	オーストラリア		
主 な 作 用	去たん作用　　抗炎症作用　　抗感染作用　　抗菌作用　　鎮静作用		
主な化学成分	Linalool（アルコール類）35-55％／1,8 Cineole（オキシド類）18-26％ α-Pinene（テルペン類）5-10％／Limonene（テルペン類）1.5-5％など		
注 意 事 項	なし。		

ブレンドアドバイス 相性の良い精油

✴レモン　✴ゼラニウム　✴ローズ　✴ジュニパーベリー　✴ラベンダー　✴パチュリ　✴ベティバー　✴ユーカリ　✴ベルガモット　✴レモンティートリー　✴ローレル　✴サンダルウッド

ロザリナは、爽快感の奥に後引くような酸っぱさと優しさを感じる香りを放ち、鋭さや爽快さ、また甘さを強く持つ精油に加えるとバランスが良くなります。

ニアウリ

Niaouli

やけどケアやスキンケアに期待

フレッシュで、甘さと苦みのあるスッとした香り

　葉を砕くと、フレッシュで甘さと苦味のあるスッとした独特の香りを放ちます。ティートリー種を示す*Melaleuca*の学名を持つ精油としていくつかのケモタイプに分かれている中で、白い花と厚みのある葉が特徴的です。オーストラリアの東側全域に生息し、1.8シネオールを多く含むニアウリは、呼吸器系や循環器系、免疫強壮などの症状に大変有効とされ、頭痛、リウマチ、炎症などに幅広く活用され、やけどのケアやスキンケア成分としての役割も期待されている精油です。ただし、鼻に強い印象を与える特徴的な香りなので、心地よく活用するには、ニアウリの有効性を引き出す精油との組み合わせ、相性が大切なポイントになります。

学　　　名	Melaleuca quinquenervia ct 1.8 cineole		
科　　　名	フトモモ科	抽 出 方 法	水蒸気蒸留法
抽 出 部 位	葉や茎	ノ ー ト	トップ・ミドル
主 な 産 地	オーストラリア		
主 な 作 用	去たん作用　　抗炎症作用　　抗感染作用　　抗気管支炎作用　　抗菌作用 鎮痙作用		
主な化学成分	1,8 Cineole (オキサイド類) 40-60% ／ α-Pinene (テルペン類) 7-12% Limonene (テルペン類) 6-12% ／ Terpinen-4-ol (アルコール類) 1.8-2.5% α-Terpineol (アルコール類) 4-10% など		
注 意 事 項	なし。		

ブレンドアドバイス 相性の良い精油

❋レモン ❋グリーンレモン ❋ベルガモット ❋サイプレス ❋レモンペティグレン
❋パチュリ ❋ネロリ ❋イランイラン ❋クローブ ❋ウインターグリーン ❋ペパーミント

　ニアウリは刺激的な香りが特徴で、優しさや甘さを持つ精油との組み合わせでは、配分によって香りが崩れることがありますので注意してください。

カユプテ

Cajeput

呼吸器系やのどの痛みを回復に導く

癖のある苦味と酸味、爽快感を同時に感じることができる香り

　スッと鼻に通る刺激のある爽快感と、苦味と酸味を同時に放つカユプテの香り。マレーシア語で「白い木」という意味を持つkayu putihから、その名前がついたと言われています。ティートリー種を示す*Melaleuca*の学名を持つ精油。いくつかのケモタイプの中で、万能薬として東南アジア地域で活用されてきました。呼吸器系や循環器系への活用が期待され、のどの痛みや炎症、頭痛、筋肉痛、慢性疲労を伴った呼吸の浅い状態などに良いとされ、症状をゆっくりと緩和しながら、落ち着きと回復をもたらす働きが期待されています。多量使用時には皮膚刺激の可能性があるので、十分にその活用方法や希釈、使用量には注意しましょう。

学　　　　名	*Melaleuca leucadendron*		
科　　　　名	フトモモ科	抽 出 方 法	水蒸気蒸留法
抽 出 部 位	葉と小枝	ノ　ー　ト	トップ・ミドル
主 な 産 地	ベトナム、インドネシア、中国など		
主 な 作 用	去たん作用　　　抗感染作用　　　抗菌作用　　　鎮痛作用		
主な化学成分	1,8 Cineole（オキサイド類）41–72%／α–Terpineol（アルコール類）6.5–8.7%　γ–Terpinene1.2–4.6%（テルペン類）／Limonene（テルペン類）3.5–4.5%　Linalool（アルコール類）2.5–4%など		
注 意 事 項	●皮膚刺激を感じる場合があります。		

ブレンドアドバイス 相性の良い精油

✳️オレンジスイート 🌿グレープフルーツ 🌿グリーンマンダリン 🍃レモンペティグレン
✳️サンダルウッド 🍃ユーカリ 🍃タイム 🍃ネロリ 🍃ラバンディン ✳️ヒバ ✳️ヒノキ

カユプテは、その爽快さをより心地よさに変化させるためにサポートしてくれる柑橘類の甘さや苦さ、そしてグリーンなハーブ調の精油との相性が良いです。

レモンティートリー

Lemon Tea Tree

抗感染、抗ウイルス作用にも活用

透き通るようなレモン調の爽快感と明瞭さを感じる香り

　長く青々しく伸びた葉から香るレモンティートリーは、透き通るようなレモン調の爽快感と明瞭さを感じさせ、一瞬で魅きつける香りを放ちます。オーストラリア現地では、ティートリーは大きく分けて数種類の別の植物を総称して区分けされますが、レモンティートリーは覚えやすいよう、このような名前がついていますが、通常、精油でティートリーと呼んでいる*Melaleuca*の学名は保持しませんので、*Melaleuca*の仲間ではなく*Leptospermum*の仲間であることを覚えておきましょう。抗菌や抗感染、また抗ウイルス作用、呼吸器系全般への活用や、ティートリーとブレンドし、ニキビや脂性肌のケアに推奨されています。

学　　　　名	*Leptospermum petersonii*		
科　　　　名	フトモモ科	抽　出　方　法	水蒸気蒸留法
抽　出　部　位	葉	ノ　ー　ト	トップ・ミドル
主　な　産　地	オーストラリア		
主　な　作　用	抗ウイルス作用　　抗感染作用　　　抗菌作用　　　消化促進作用		
主な化学成分	Geranial(アルデヒド類)22-32%／Neral(アルデヒド類)23-37% Geraniol(アルコール類)2.5-3.5%／Citronellal(アルデヒド類)9-28% Citronellol(アルコール類)0.4-0.5%など		
注　意　事　項	●皮膚刺激を感じる場合があります。		

ブレンドアドバイス 相性の良い精油

❀シダーウッド ❀ブッダウッド ❀グリーンレモン ❀パルマローザ ❀パチュリ
❀ユーカリ ❀ラベンダースパイク ❀カルダモン ❀サイプレス

レモンティートリーは、心地よい刺激をもつレモン調の香りと共に、ウッディな精油やスパイスの精油との組み合わせでバランスや変化を楽しめる精油です。

フラゴニア

Fragonia

女性を守る
力強いサポーター

優れた抗菌作用を持つ、甘さと爽快感がある香り

　芳醇で可憐な香りの中に、優しい甘さと温かさを放つフラゴニア。小さく白い珠のような可愛らしい花と、短くツンツンとした柔らかい葉を持っています。

　2004年から2007年にかけてオーストラリアで初めてこのフラゴニアを栽培、抽出しはじめた農家に足を運んだ際、その農家がこの精油の産婦人科分野、特に婦人科分野における月経の問題に関する活用の有効性を、大学とともに研究を試みていることを知り、強く関心を抱きました。そのオーストラリアの大学が発表したフラゴニアの精油の研究結果によるとフラゴニアは、ティートリーに匹敵する、もしくはそれ以上の強い抗菌作用に抗真菌作用も保持することが証明されていて、その活用方法も多岐に渡ることがわかりました。さらには抗炎症作用、抗感染作用、傷の手当てなどへの利用価値も高いことが明らかにされていました。

　また、甘さや優しさ、そしてバランス良い成分の機能性からも、女性ホルモンのバランスを保つために有効的とされています。ホルモンバランスの乱れから起こる月経のトラブルやPMS(月経前緊張症候群)、女性ホルモンの急激な減少による様々な更年期症状、落ち込みや不安、不眠、精神疲労、胸の痛みや不快感などのサポートケアに役立つとされています。ブレンドすると香りの七変化を楽しめる精油ですが、強い香りの精油は加え過ぎに注意しましょう。香りのバランスが崩れてしまいます。

大きく広がるフラゴニアの農場です。オーストラリアで初めてフラゴニアの栽培をスタートさせた農場です。

小さい珠のような白い花がついている様子です。

フラゴニアの花部分に香りで引き寄せられた蜂です。

フラゴニアの精油が抽出される葉と茎の部分です。

学　　　　　名	Agonis fragrans		
科　　　　　名	フトモモ科	抽 出 方 法	水蒸気蒸留法
抽 出 部 位	葉・茎	ノ　ー　ト	トップ・ミドル
主 な 産 地	オーストラリア（現在はオーストラリアのみで産出）		
主 な 作 用	去たん作用　　抗アレルギー作用　　抗炎症作用　　抗感染作用　　　抗菌作用 抗真菌作用　　殺菌作用　　　　循環促進作用　　鎮静作用　　ホルモンバランス調整作用 免疫強壮作用		
主な化学成分	α-Pinene,Limonene(テルペン類)30-39% ／1,8 Cineole(オキシド類)26-32% Linalool,Terpinen 4-ol,Geraniol(アルコール類)23-39%		
注 意 事 項	なし。		

ブレンドアドバイス
相性の良い精油

🍊オレンジスイート　🌿ローレル　🌿ユーカリ
🌼イランイラン　🌸ラベンダー　🌸ネロリ　🍂シダーウッド
🌸パチュリ　🌿サイプレス　🍊ベルガモット
🌿クラリセージ　🌸サンダルウッド　🌸ベティバー

フラゴニアは、爽快さと甘さがちょうど半分ずつに加えられているような絶妙な香りを放ち、他の精油では代替えができない特徴を持つ精油です。**甘さのある香りを加えると優しさが際立ち、爽快さがある精油を加えると明瞭さが際立つ**といったように、**様々な顔を持ち七変化する**ような楽しさを感じさせてくれます。強い香りを放つ精油を加えすぎてしまうと、フラゴニア本来のバランス良い香りが崩れてしまうため、ブレンド前に配分を十分に気をつけながら、組み合わせに挑戦してみましょう。

レモンペティグレン

Lemon Petitgrain

虫よけや空気感染などを予防

誰もが虜になるフレッシュで爽快感のある香り

　鋭いフレッシュな香りと、爽快な深みのあるグリーンな香りを併せ持つレモンペティグレン。そのバランスの良い香りはとても心地よく、ほかの精油では代用できない程です。レモンの葉を砕いた時に香るその明瞭さを持つ香りは安心感と心地よい懐かしさを与え、呼吸を整えます。緊張状態から心身を解放し、そっと元気付けてくれ、傷ついた状態の回復サポートに役立ちます。精油の成分特性には虫などの忌避作用があり、虫除けや空気感染を予防する働きを助けます。多岐に渡り有効的な精油ですが、使用量によっては皮膚刺激や刺激臭になりうるので、敏感肌の方や2歳以下の乳幼児、妊産婦、高齢者への使用は十分に注意しましょう。

学　　　名	Citrus limonum		
科　　　名	ミカン科	抽 出 方 法	水蒸気蒸留法
抽 出 部 位	葉	ノ ー ト	トップ・ミドル
主 な 産 地	イタリア		
主 な 作 用	血圧降下作用　　抗炎症作用　　抗感染作用　　鎮静作用　　虫除け作用		
主な化学成分	Geranial（アルデヒド類）10–40%／Limonene（モノテルペン類）8–30%　Geraniol（アルコール類）0.5–15%／β–Pinene（モノテルペン類）3–14%　Neral（アルデヒド類）6–26%など		
注 意 事 項	●敏感肌・乳幼児・妊娠中・授乳中・高齢者への使用は注意が必要です。		

ブレンドアドバイス 相性の良い精油

✳グリーンレモン ✳グレープフルーツ ✳パルマローザ ✳カルダモン ✳パチュリ
✳シダーウッド ✳ティートリー ✳ユーカリ ✳トドマツ ✳シナモンバーク ✳ジンジャー

レモンペティグレンは誰をも魅了し、弾けるレモン調の香りとグリーンな香りが、爽快さをもつ精油やスパイスの精油と絶妙なハーモニーを演出します。

バジル

Basil

月経不順や月経痛の改善にも有効

心身を根本から強壮し、疲労回復を助ける

柑橘系の香りに似たような爽快さとグリーンな香りがバランス良く融合しているバジルの香り。ラテン語の「Basikeum(王室のために)」が語源とされ、王のために崇められていた歴史があります。憂鬱な状態や落ち込んだ気持ち等、ネガティブな感情をクリアにし、気分転換に役立つ精油です。程よい量でブレンドに使用することで、頭痛や頭部に留まった不快感、疲労感、不眠や緊張、夜間に感じる不安などを少しずつ解消します。免疫低下を招く心身疲労やプレッシャーが続いた時にも有効で、回復力を高める力もサポート。喘息や気管支炎、副鼻腔炎や咳などの呼吸器系のトラブル、月経不順や月経痛の改善と緩和にも有効とされ、期待が高まる精油の一つです。

学　　　　名	Ocimum basilicum				
科　　　　名	シソ科		抽 出 方 法	水蒸気蒸留法	
抽 出 部 位	葉		ノ ー ト	トップ・ミドル	
主 な 産 地	コモロ、マダガスカル、フランス、エジプト				
主 な 作 用	月経調整作用	抗うつ作用	抗菌作用	抗けいれん作用	消化促進作用
	鎮静作用	発汗作用			
主な化学成分	Linalool(アルコール類)53.7-58.3%／Eugenol(フェノール類)9.4-15.2% 1,8 Cineole(オキサイド類)6.0-6.7%／α-Bergamotene(セスキテルペン類)2.0-3.8%				
注 意 事 項	●妊娠中・授乳中の使用は控えてください。●皮膚刺激を感じる場合があります。				

ブレンドアドバイス 相性の良い精油

❋オレンジスイート ❋グリーンマンダリン ❋クレメンティン ❋レモン ❯クラリセージ ❋イランイラン ❯ユーカリ ❋ジャーマンカモミール ❯ローレル ❯サイプレス

バジルは、鋭い苦さとグリーンさと共に奥に甘さを保持する香りが特徴的で、優しい香りを放つ精油と少量組み合わせることで絶妙なバランスを演出します。

ペパーミント

Peppermint

のどの痛みや喘息、気管支炎などにも

精油ガイド90

トップ・ミドル

ペパーミント

気分をリフレッシュし、インスピレーションを高める

　ペパーミントはシャープな爽快さと苦味、そして鼻に抜けるような刺激を感じる特性を持ちます。頭をすっきりとさせてくれるようなリフレッシュ感を与え、洞察力やインスピレーションを高めてくれます。その場を変化させる爽快な刺激は、呼吸器系全般への活用や神経系への働き、のどの痛みや喘息、気管支炎や精神疲労、さらに胃もたれなど幅広く活用されてきました。ペパーミントは小さい子供への活用方法、容量、誤飲をしないよう安全な場所での保管など、十分に注意が必要です。また精油をブレンドする際の割合にも、気をつけましょう。

学　　　　名	*Mentha piperita*		
科　　　　名	シソ科	抽 出 方 法	水蒸気蒸留法
抽 出 部 位	葉	ノ ー ト	トップ・ミドル
主 な 産 地	アメリカ、タスマニア		
主 な 作 用	解熱作用　　　　抗カタル作用　　　　抗感染作用　　　　抗菌作用　　　　殺菌作用 循環促進作用　　消化促進作用　　　　消臭作用　　　　鎮けい作用　　　鎮痛作用		
主な化学成分	Menthol（アルコール類）19.0-54.2%／Menthone（ケトン類）8.0-31.6% Menthyl acetate（エステル類）2.1-10.6%／Neomenthol（アルコール類）2.6-10.0% 1,8 Cineole（オキサイド類）2.9-9.7%		
注 意 事 項	●マッサージに利用する際は、単品での使用はできるだけ避け、ブレンドした場合にも希釈濃度2%以下で使用してください。●直接原液での使用、もしくは高濃度で使用した場合に、熱性の刺激を皮膚に感じることがあります。●ミントはたくさんの種類が存在しています。その成分はそれぞれ異なりますので、使用の際はかならず学名を確認してください。		

ブレンドアドバイス　相性の良い精油

❋グレープフルーツ　❋レモン　▬フランキンセンス　❧ペティグレン　❧クラリセージ　❧サンダルウッド　❧シダーウッド　❋ネロリナ　∴レモンマートル　❋ジャスミン

ペパーミントは、シャープな香りと時間差で甘さをもたらしてくれる香りのため、甘さの深い香りとの相性がとても良い精油です。

スペアミント

Spearmint

神経系や消化器系の働きを
サポート

爽快感があり、甘く優しさを併せ持つ香り

　スペアミントの爽快で甘く柔らかさと優しさを併せ持つ香りは、神経系や消化器系の働きを活発にサポートする働きがあります。頭痛を伴う鼻炎や乗り物酔いなどの吐き気、我慢が続いてしまうような内側に溜め込んでしまうネガティブな気持ちを優しく包みこむように、心地よい呼吸へと導きます。また、リンパの流れをサポートするためにも活用されますが、少量で強く香り、皮膚刺激を伴う場合がありますので、使用方法や滴数に十分に気をつけながら、誤飲などが生じないように、小さい子供の手の届かない場所で保管して活用することが大切です。

学　　　　名	Mentha spicata (=Mentha viridis)		
科　　　　名	シソ科	抽 出 方 法	水蒸気蒸留法
抽 出 部 位	葉	ノ ー ト	トップ・ミドル
主 な 産 地	アメリカ、タスマニア		
主 な 作 用	解熱作用　抗カタル作用　抗感染作用　抗菌作用　殺菌作用　循環促進作用　消化促進作用　消臭作用　鎮けい作用　鎮痛作用		
主な化学成分	Carvone (ケトン類) 57.2-68.4%／Limonene (モノテルペン類) 9.1-13.4%　β-Myrcene (モノテルペン類) 2.3-4.7%／Menthone (ケトン類) 0.1-1.4%		
注 意 事 項	●マッサージに利用する際は、単品での使用はできるだけ避け、ブレンドした場合にも希釈濃度2%以下で使用してください。●直接原液での使用、もしくは高濃度で使用した場合に、熱性の刺激を皮膚に感じることがあります。●ミントはたくさんの種類が存在しています。その成分はそれぞれ異なりますので、使用の際はかならず学名を確認してください。		

ブレンドアドバイス 相性の良い精油

✺ オレンジスイート ✺ レッドマンダリン ✺ ゼラニウム ✺ イランイラン ✺ ネロリ 🍃 ユーカリ 🌿 カルダモン 🍃 ローレル 🌸 サンダルウッド 🍃 ベティパー 🌼 ローマンカモミール

スペアミントの甘さと爽快さは、他の精油の甘さや深さと融合することで、絶妙な心地よい優しいバランスを整えてくれます。

079

コーンミント
（和ハッカ）

Corn Mint

免疫と循環をサポートする

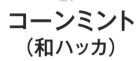

刺激と爽快感、グリーンな深みと苦さを感じる香り

　スッと鼻を通ってまっすぐにその刺激と爽快感、そして奥に感じるグリーンな深みと苦さを感じることができるコーンミント。北海道を中心として自生している、日本でも古くから人々の生活に密着してきた伝統的なミントの１つで、近年その有用性に注目度が高まっています。ただし、この精油はとても高濃度でメントールが含有された植物として知られ、多くの使用方法において、気遣いある希釈での活用が必要とされます。局所のマッサージケアや呼吸器系の症状には程よく働き、免疫と循環のサポートに役立ちますが、メントールの長時間吸入は刺激や毒性を与えるので、乳幼児や高齢者、妊産婦や授乳中の方への使用は十分に注意しながら活用しましょう。

学　　　　名	*Mentha arvensis*		
科　　　　名	シソ科	抽 出 方 法	水蒸気蒸留法
抽 出 部 位	葉	ノ ー ト	トップ・ミドル
主 な 産 地	日本		
主 な 作 用	去たん作用　　抗炎症作用　　抗感染作用　　抗菌作用　　免疫強壮作用		
主な化学成分	Menthol（アルコール類）25-35％／Menthone（モノテルペン類）15-32％ Limonene（モノテルペン類）5-10％／α-Pinene（モノテルペン類）2-5％など		
注 意 事 項	●妊娠中・授乳中・乳幼児・高齢者への使用は注意が必要です。		

ブレンドアドバイス 相性の良い精油

❋グリーンレモン　❋ライム　❋ジュニパーベリー　❋ゼラニウム　❋ラベンダー　❋ネロリナ　❋クロモジ　❋ヒバ　❋イランイラン　❋トドマツ　❋シダーウッド　❋ブッダウッド

和ハッカの爽快な鋭さと甘さは、グリーンな爽快さを持つ精油や、ウッディな深みのある精油との組み合わせで、優しさと落ち着きのある爽快さを放ちます。

レモンマートル
Lemon Myrtle

風邪やインフルエンザを緩和

シャープで爽快、フレグランスに活用されている植物

「レモンよりもレモンの香り」と呼ばれるほど、そのシャープで爽快な強い香りを放つレモンマートル。その成分特性からも、同じようにレモン調に香る芳香植物の中で最もアルデヒド類の含有率が高く、食品や飲料、嗜好品、そしてレモン調の香りのあらゆるフレグランスに活用されている芳香植物です。その働きとして、抗菌、抗バクテリア、抗ウイルス作用、抗真菌作用の他に風邪やインフルエンザ、気管支炎やヘルペスなどの症状や胸部鬱血などを緩和し、さらに感情的なバランスや元気づけ、また入眠をスムーズに助けるなど、歴史的に幅広く人々に寄り添って活躍している精油の1つです。アルデヒド類を多く含む精油のため、使用の際には希釈や使用量を十分に注意しましょう。

学　　　　名	*Backhousia citriodora*		
科　　　　名	フトモモ科	抽 出 方 法	水蒸気蒸留法
抽 出 部 位	全草	ノ ー ト	トップ・ミドル
主 な 産 地	オーストラリア		
主 な 作 用	抗感染作用　　抗菌作用　　抗真菌作用　　抗バクテリア作用　　鎮静作用		
主な化学成分	Geranial（アルデヒド類）55-60%／Neral（アルデヒド類）35-40%など		
注 意 事 項	●十分に希釈や使用量を注意してください。		

ブレンドアドバイス　相性の良い精油

✹レモン　✹ベルガモット　✹グレープフルーツ　✹ジュニパーベリー　✹ローレル
✹サンダルウッド　✹パチュリ　✹クラリセージ　✹イランイラン　✹クローブ　✹タイム

圧倒的な透明感とレモン調の香りを放つレモンマートルは、甘さと苦さを強く持つ精油などを軽く爽快に仕上げるために少量加えることで、バランスを整えます。

レモングラス

Lemongrass

時差ボケや頭痛の
症状緩和にも最適

明瞭感を与え、心もすっきりする爽やかな香り

　葉の香りとは思えないほどにレモン調の柑橘の香りと、爽快なグリーンの清らかな香りを放つレモングラス。スパイスのハーブとしての長い歴史とその有効性が、アジア各国の料理で証明されている芳香植物です。程よい刺激によって高揚感と共に明瞭感やエネルギーを与え、モヤモヤ感を解消してくれます。片頭痛や時差でつらい時にも効果的。バランスの良い強壮作用があり、副交感神経の働きをサポートし、ゆっくりとした呼吸と落ち着きを取り戻すのに役立ちます。抗感染の働きも期待でき、筋肉痛や心身の疲労に対してのサポートも。虫除けやニキビケアにも活用され、肌にハリを与え毛穴を引き締める等の有用性も見出されています。

学　　　　名	Cymbopogon citratus		
科　　　　名	イネ科	抽 出 方 法	水蒸気蒸留法
抽 出 部 位	葉	ノ　ー　ト	トップ・ミドル
主 な 産 地	西インド、アフリカ、アジア		
主 な 作 用	強壮作用　　　抗うつ作用　　　抗菌作用　　　殺虫作用　　　刺激作用 消化促進作用　　　鎮静作用　　　虫除け作用　　　利尿作用		
主な化学成分	Geranial（アルデヒド類）36.7-55.9%／Neral（アルデヒド類）25.0-35.2% β-Myrcene（モノテルペン類）5.6-19.2%／Geraniol（アルコール類）0-6.7%		
注 意 事 項	●皮膚刺激があるため希釈濃度1%以下で使用してください。●妊娠中の使用は控えてください。		

ブレンドアドバイス 相性の良い精油

🌸レモン 🌸ベルガモット 🌸グレープフルーツ 🌸パルマローザ 🌸パチュリ 🍃ユーカリ
🍃クラリセージ 🍃シナモンバーク 🍃ロザリナ 🍃パインスコッツ 🍃ヒバ 🍃トドマツ

グリーンなレモン調を深く放つレモングラスは、スパイスや爽快さを持つ
精油に少量組み合わせることで、その特性を生かすバランスを発揮します。

シトロネラ

Citronella

虫除けにアウトドアで活用できる

奥深さと鋭さを持ったレモン調の香りを放つ

　グリーンで甘い香りと共に、スモーキーな奥深いドライな香りを放つシトロネラは、レモングラスととてもよく似た姿をしています。昔から、忌避作用として虫除けに多く活用されてきた歴史があり、一般的なアウトドア商品に頻繁に活用され、虫よけ精油の代表格です。近年、同様の虫除けの働きを示す成分やレモン調の特性を持つ精油が増えたことで、ブレンドできる精油も増え、より香りの幅も広がりました。シトロネラは他の精油とのブレンドで、より落ち着きや深みを持った香りのバランス調整に役立ちます。使用量や希釈、活用方法によっては刺激的な香りが強まり、皮膚刺激やアレルギーが生じる可能性があるため、使用には十分注意をしましょう。

学　　　　名	Cymbopogon nardus		
科　　　　名	イネ科	抽 出 方 法	水蒸気蒸留法
抽 出 部 位	葉	ノ　ー　ト	トップ・ミドル
主 な 産 地	インドネシア、スリランカ、中国		
主 な 作 用	抗菌作用　　　鎮静作用　　　鎮痛作用　　　虫除け作用		
主な化学成分	Citronellal（アルデヒド類）5-47％／Geraniol（アルコール類）17-30％ Limonene（モノテルペン類）3-12％／Citronellol（アルコール類）3-22％など		
注 意 事 項	●皮膚刺激を感じる場合があります。		

ブレンドアドバイス 相性の良い精油

⊛レモン ⊛グリーンマンダリン ⊛ライム ⊛パチュリ ⊛パルマローザ ⊛クラリセージ
⊛クローブ ⊛カルダモン ⊛シナモンバーク ⊛ネロリ ⊛ヒバ ⊛サンダルウッド

深みのあるレモン調の香りが特徴のシトロネラは、ブレンドをすることであまり重い印象にならないように、爽快感と軽さのある精油の組み合わせがおすすめです。

メイチャン

May Chang

空間の浄化や虫などの
忌避作用を期待

グリーンな苦味と深みを感じる落ち着いた香り

　フレッシュなレモン調の香りの中に、しっかりとグリーンな苦味と深みを同時に感じることができる落ち着いた香りのメイチャンの精油は、リトセアやアオモジとも呼ばれています。自分にとって必要な呼吸をゆっくりと意識させてくれる香りです。他の精油とバランスよくブレンドすることによって、心地よい芳香と共に空間の浄化や虫などの忌避作用を期待した働きとして活用できます。多容量での使用において皮膚刺激が認められているため、少量でのブレンドを行なって芳香での活用をおすすめします。敏感肌、乳幼児、妊娠中、授乳中、高齢者への活用は、十分に注意しましょう。

学　　　　名	Litsea cubeba		
科　　　　名	クスノキ科	抽 出 方 法	水蒸気蒸留法
抽 出 部 位	葉	ノ　ー　ト	トップ・ミドル
主 な 産 地	中国、日本、インドネシア		
主 な 作 用	血圧降下作用　　　抗ウイルス作用　　　抗炎症作用　　　抗感染作用　　　消化促進作用 鎮静作用　　　虫除け作用		
主な化学成分	Geranial（アルデヒド類）37-42％／Limonene（モノテルペン類）8-23％ Geraniol（アルコール類）0.5-2％／Linalool（アルコール類）1-2％ β-Pinene（モノテルペン類）0.3-1.5％／Neral（アルデヒド類）25-34％など		
注 意 事 項	●皮膚刺激を感じる場合があります。 ●敏感肌・乳幼児・妊娠中・授乳中・高齢者への使用は注意が必要です。		

ブレンドアドバイス 相性の良い精油

⊛レモン ⊛グレープフルーツ ⊛ライム ⊛パチュリ ⊛サンダルウッド ⊛シナモンリーフ ⊛クローブ ⊛ゼラニウム ⊛シダーウッド ⊛フランキンセンス ⊛ローズマリー

強い爽快なレモン調の香りを保持するメイチャンは、甘さと深みのあるウッディな精油や、スパイシーな精油との融合でより引き立つブレンドになります。

パインスコッツ

Pine Scots

喘息や気管支炎、風邪の症状緩和に有効

エネルギーを高め、身体的疲労などを緩和

　グリーンでメディシナルな爽快感と酸味、そして枝葉の力強さを彷彿させるパインスコッツ。アメリカの先住民が関節痛や神経疲労に対して、浸出油を作って入浴の際に加えてケアをし、ヒポクラテスは呼吸器系の炎症やのどの感染症に、パインスコッツを推奨していたとされています。精神疲労に有効的で、呼吸と共にエネルギーを高め、幸福感を感じたい時に役立つ精油です。心をゆっくりと落ち着かせたい時、瞑想する時にも有効で、自分自身の心の中に空間を創り出し、自信の回復をサポートします。呼吸器系へのケアとして顕著な働きが見出され、気管支炎や喘息、風邪の予防や改善、肉体疲労や寒気、食欲不振にも有効的です。

学　　　名	*Pinus sylvestris*		
科　　　名	マツ科	抽　出　方　法	水蒸気蒸留法
抽　出　部　位	針葉	ノ　ー　ト	トップ・ミドル
主　な　産　地	シベリア、スカンジナビア、北アメリカ		
主　な　作　用	去たん作用　　　血圧上昇作用　　　抗炎症作用　　　抗感染作用　　　抗菌作用　　抗リウマチ作用　　神経強壮作用　　鎮けい作用　　鎮痛作用		
主な化学成分	α-Pinene（モノテルペン類）20.3-45.8%／β-Pinene（モノテルペン類）1.9-33.3%　δ-3-Carene（モノテルペン類）0.4-31.8%／β-Phellandrene（モノテルペン類）0.3-10.9%		
注　意　事　項	なし。		

ブレンドアドバイス　相性の良い精油

❋オレンジスイート　❋レモン　❋グレープフルーツ　❋ライム　❋シダーウッド　スプルース　ブラック　❋ゼラニウム　❋ラベンダー　クラリセージ　ローズマリー　ユーカリ

パインスコッツは、酸味のあるウッディな香りを放ち、柑橘類の精油や甘さのある精油、またハーブ調の爽快な精油との相性が良い精油です。

スプルースブラック

Spruce Black

呼吸をスムーズにして免疫力を高める

フレッシュで深い、爽快な森林浴を想像させてくれる香り

落ち着きのある爽快感と深みのある優しさ、徐々に心の中に浸透するような香りはどこか懐かしく、安心感を与えてくれます。クリスマスツリーとしても有名で、ドイツ唐檜やヨーロッパ唐檜と呼ばれているスプルースはマツ科のモミ属の木。見た目が似ていることから、パインスコッツと似た香りを想像しがちですが、よりフレッシュさと奥深さが同時に感じられる、壮大な森林を想像させるのがスプルースです。カナダ等では、関節症や抗炎症作用の働きが期待できる精油として活用されています。気管支炎の症状を和らげ呼吸をスムーズに深く保ち、免疫力や循環を高めてくれます。筋肉のこりや疲労、炎症、肌荒れニキビなどのケアにも活用されている精油です。

学名	*Picea mariana*		
科名	マツ科	抽出方法	水蒸気蒸留法
抽出部位	葉	ノート	トップ・ミドル
主な産地	カナダ、ヨーロッパ		
主な作用	去たん作用　抗炎症作用　抗感染作用　抗菌作用　鎮けい作用		
主な化学成分	Bornyl acetate（エステル類）35-40%／β-Pinene（モノテルペン類）13-15% α-Pinene（モノテルペン類）13-15%／Camphene（モノテルペン類）13% Limonene（モノテルペン類）4.5-5.5%など		
注意事項	●多量の使用はかゆみの原因になることがあります。		

ブレンドアドバイス 相性の良い精油

オレンジスイート　ティートリー　ネロリナ　ベルガモット　ゼラニウム　サンダルウッド　ラバンディン　ユーカリ　ネロリ　フランキンセンス　マージョラム

芯のある爽快感を放つスプルースブラックは、柑橘系全般と大変相性が良く、さらに甘さと爽快さがある葉やウッディな精油との組み合わせがおすすめです。

ラベンサラ

Ravensara

芳香浴やマッサージケア などに最適

抗感染作用に優れ、呼吸を深くサポートしてくれる香り

スッと抜けるような爽快感と、グリーンで苦味のあるドライな香りを感じるラベンサラ。瞬間的に感じる香りの刺激で呼吸の浅さを意識させ、深い呼吸と眠り、循環と精神疲労、免疫の強化と心身のバランスをサポートします。抗感染作用にも優れ、日常生活の不調和から私たちを守ってくれる精油。芳香浴や吸入、マッサージなど毎日のケアに最適ですが、香りの刺激が強く感じる場合もあるので、香りの感覚は必ず確認しましょう。RavensaraラベンサラとRavintsaraラヴィンツァラは名前が類似しますが、Ravintsaraラヴィンツァラの学名(*Cinnamomum camphora*)はRavensaraラベンサラとは違います。通称名ではなく学名を確認して活用しましょう。

学　　　　　名	*Ravensara aromatica*		
科　　　　　名	クスノキ科	抽 出 方 法	水蒸気蒸留法
抽 出 部 位	葉	ノ ー ト	トップ・ミドル
主 な 産 地	フランス		
主 な 作 用	去たん作用　抗ウイルス作用　抗炎症作用　抗感染作用　鎮けい作用		
主な化学成分	Sabinene(モノテルペン類)10-17%／Limonene(モノテルペン類)13-23% 1,8 Cineole(オキサイド類)1.5-3.5%／Estragole(エーテル類)2-12%など		
注 意 事 項	なし。		

ブレンドアドバイス 相性の良い精油

❋グレープフルーツ　❋オレンジスイート　❋ティートリー　❋ネロリナ　❋フラゴニア
❋ベティバー　❋レモンティートリー　❋サンダルウッド　❋ラベンダー　❋クロモジ

鋭い爽快さを持つラベンサラは、優しい甘さと苦さを持つ精油との組み合わせにおすすめです。爽快さがあまり際立ちすぎないようにすることがコツです。

シナモンリーフ

Cinnamon Leaf

寒気や風邪、インフルエンザの予防に

心も体も温める、心地よい刺激のスパイス

　スパイシーで程よい刺激と懐かしさを感じる中にも、爽快さと包み込むような温かさの両方を併せ持つシナモンリーフの香り。樹皮のシナモンバークに比べると、その香りは軽やかな印象です。18世紀の高いスパイス需要から、オランダ人がスリランカで栽培を始めたのをきっかけに、インドやマダガスカルなどでも広く栽培され、英国貿易会社の交易品の1つになりました。殺菌作用および抗菌作用を強く発揮する精油で、感染予防などにも役立ってきました。精神的な疲労感や落ち込み、冷えや寒気、筋肉の疲労感や痛みなど幅広いケアに活用できますが、成分的に刺激を与える可能性もあり、低濃度で必ずブレンドして使いましょう。

学　　　名	*Cinnamomum zeylanicum*		
科　　　名	クスノキ科	抽 出 方 法	水蒸気蒸留法
抽 出 部 位	葉、幹木部	ノ　ー　ト	トップ・ミドル
主 な 産 地	インド、マダガスカル		
主 な 作 用	抗菌作用　　　殺菌作用　　　刺激作用　　　循環促進作用　　　鎮けい作用 鎮静作用　　　鎮痛作用		
主な化学成分	Eugenol(フェノール類)68.6-87.0%／Eugenyl acetate(エステル類)1.0-8.1% Linalool(アルコール類)2.0-5.0%		
注 意 事 項	●妊娠中・授乳中の使用は控えてください。 ●皮膚刺激を感じる場合があります。		

ブレンドアドバイス 相性の良い精油

🌸レモン　🌸オレンジスイート　🌸カルダモン　🌸レッドマンダリン　🌸ライム
🌸サンダルウッド　🌸ブッダウッド　🌸ラベンダー　🌸レモンペティグレン　🌸ベチバー

程よい刺激と爽快さを持つスパイシーな香りのシナモンリーフは、甘さを持つ柑橘系の精油やグリーンな精油との組み合わせで、バランスを発揮します。

ウインターグリーン
Wintergreen

筋肉痛の緩和などに
活用

誰もが一瞬で湿布薬を想像する独特の香り

　誰もが一瞬で湿布薬の香りを想像すると同時に、これが植物の香り？と驚く独特の香りを放つ精油です。スポーツ選手や運動量や活動量が多い成人に対して、身体的なバランスと筋肉痛の緩和のためのケアによく活用されています。この精油は1つの成分に秀でていて、薬効性と毒性が高いため、目的や頻度に多くの制限があります。乳幼児から小児、妊産婦、授乳中の方、高齢者、抗凝固剤を使用している方、何らかの疾患を保持している方、サリチル酸に過敏な方には使用が禁忌となります。またこの精油は吸気のみならず、経皮吸収としてもその危険性が懸念されています。あらかじめ、十分に注意してから活用しましょう。

学　　　　名	*Gaultheria fragrantissima*		
科　　　　名	ツツジ科	抽 出 方 法	水蒸気蒸留法
抽 出 部 位	葉	ノ ー ト	トップ・ミドル
主 な 産 地	ネパール、北アメリカ、中国		
主 な 作 用	抗菌作用　　　鎮けい作用　　　鎮痛作用		
主な化学成分	Methyl salicylate（フェノール類）97-99.5％など		
注 意 事 項	●妊娠中・授乳中・乳幼児・高齢者・抗凝固剤を使用している方・サリチル酸に過敏な方・何らかの疾患を保持する場合、使用を控えてください。		

ブレンドアドバイス　相性の良い精油

❋グレープフルーツ　❋オレンジスイート　❋ティートリー　❋ベティバー
❋ジャーマンカモミール　❋ベルガモット　❋ブッダウッド　❋パチュリ

とても鋭い香りを放つウインターグリーンは、香りのバランスを整えるために大変難しく、ブレンドをする際に組み合わせる量は本当に少量がおすすめです。

コリアンダー
リーフ

Coriander Leaf

呼吸と消化の促進をサポート

独特の香りは、アジア料理に欠かせない素材として活用

　グリーンで爽快な苦味と甘さ、そして鼻に刺激を感じる独特のスパイシーな香りを放つコリアンダーリーフ。食用としてパクチーや香菜、シラントロとも呼ばれ、アジア料理に欠かせない素材として活用されています。初めはぼんやりした印象でもすぐにどんどんと香り高く感じるようになり、癖になる心地よさ、安心感をもたらす香りを持っているのが特徴です。落ち着きを取り戻しながら呼吸と共に自律神経バランスを整え、緊張を解放。胸部や腹部に鬱積するような心の不調和や消化の働きを助け、スムーズに機能するためのサポートをします。虫の忌避作用などの成分特性もあるので香りが心地よければ、生活の場面でも上手に活用したい精油です。

学　　　名	*Coriandrum sativum*		
科　　　名	セリ科	抽 出 方 法	水蒸気蒸留法
抽 出 部 位	葉	ノ ー ト	トップ・ミドル
主 な 産 地	フランス、北アフリカ、南ヨーロッパ、アジア		
主 な 作 用	抗炎症作用　　抗感染作用　　抗菌作用　　消化促進作用　　鎮静作用　虫除け作用		
主な化学成分	2-Decenal（アルデヒド類）25-47％／Decanal（アルデヒド類）4-18％Linalool（アルコール類）4-18％など		
注 意 事 項	なし。		

ブレンドアドバイス 相性の良い精油

❁ライム　🌿ジュニパーベリー　🌿ローレル　❁グレープフルーツ　❁オレンジスイート
🌿ティートリー　❁ネロリナ　🌿フラゴニア　❁パチュリ　🌿メイチャン　❁サンダルウッド

レモン調でグリーンな心地よさと懐かしさを持つコリアンダーリーフは、爽快さを持つ他の精油とのブレンドで、程よい癖と心地よさを演出します。

月桃

Getto

深い呼吸に導き、穏やかにサポート

神秘的で妖艶な芳醇さと落ち着きを感じる香り

　爽快感と共に妖艶な芳醇さと落ち着きを感じる月桃の香り。鋭さの中にも甘さを持つ神秘的な香りを放ち、心の奥に働きかける感覚を与える精油です。生産者によって少しずつ香りの違いを感じることができます。月桃は特徴的な膨らみを持った花びらがとても美しく、視覚的にも魅了されます。機能的には抗酸化作用が期待できる精油で、呼吸器系の症状や免疫強化をサポートしてくれ、落ち込んだ気持ちや高ぶった気持ちを落ち着かせるのに役立ちます。深い呼吸に導きながら、ゆっくりと穏やかにサポートしてくれる精油です。

学　　　　名	*Alpinia zerumbet*		
科　　　　名	ショウガ科	抽 出 方 法	水蒸気蒸留法
抽 出 部 位	葉	ノ　ー　ト	トップ・ミドル
主 な 産 地	日本		
主 な 作 用	抗炎症作用　　抗感染作用　　抗菌作用　　抗酸化作用　　鎮けい作用 鎮痛作用　　免疫強壮作用		
主な化学成分	1,8 Cineole（オキサイド類）23-25%／Limonene（モノテルペン類）8-10% Camphor（ケトン類）7-9%／Cymene（モノテルペン類）20-22% α-Pinene（モノテルペン類）9-11%／Linalool（アルコール類）3-5%など		
注 意 事 項	なし。		

ブレンドアドバイス　相性の良い精油

ゆず　グレープフルーツ　オレンジスイート　ネロリナ　クロモジ　パチュリ
レモンマートル　シナモンバーク　ヒバ　ヒノキ　タイム　ゼラニウム　ローレル

甘さと鋭い爽快さを併せ持つ月桃の香りは少量加えることで、深みのあるスパイシーな精油や、甘さのある精油とのバランスを整えることができます。

091

トドマツ（モミ）

Momi

呼吸や血流を改善して
落ち着きを与える

爽快感と安心感を兼ね備えた魅力的な香り

　奥深いグリーンな香りの中に、爽快さと包み込むような優しい香りを放つモミの香り。しっとりとした壮大な森の中を歩いている感覚です。呼吸をゆっくりと深くさせ、落ち着きと共にしっかりと芯を感じる、心地よさと安心感を与える精油。継続的な精神疲労や身体的な疲労による自律神経の不調和に気付きをもたらし、バランスを整えるサポートをしながら、呼吸や血流も改善。不眠の改善や免疫の低下の予防にも役立ちます。大気汚染を無害化する働きが期待されるβ-フェランドレンを含み、二酸化窒素除去能力を保持する貴重な精油として、役割を担っています。

学　　　　　名	Abies sachalinensis		
科　　　　　名	マツ科	抽 出 方 法	水蒸気蒸留法
抽 出 部 位	枝葉	ノ ー ト	トップ・ミドル
主 な 産 地	日本		
主 な 作 用	空気浄化作用　　抗ウイルス作用　　抗菌作用　　循環促進作用　　ストレス低減作用		
主な化学成分	Bornyl acetate（エステル類）27-30%／Camphene（モノテルペン類）18-20%　Limonene（モノテルペン類）6-8%／α-Pinene（モノテルペン類）12-14%　β-Phellandrene（モノテルペン類）7-8%など		
注 意 事 項	なし。		

ブレンドアドバイス 相性の良い精油

 オレンジスイート ベルガモット ネロリ シナモンリーフ シナモンバーク
🌿 ローレル 🌿 カルダモン 🌼 ラベンダー 🌿 ラバンディン 🌿 ローズマリー 🌿 ユーカリ

モミは、ウッディで深みのある温かい香りが特徴的で、優しい甘さを持つ精油や、爽快さを持つ精油とのバランスで、壮大に包み込むような香りを演出できます。

メリッサ

Melissa

アレルギー性鼻炎や
花粉症に活用

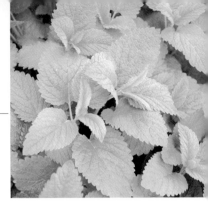

ネロリナ

Nerolina

慢性疲労や
ホルモンバランスの調整に

ネロリナ

Nerolina

慢性疲労や
ホルモンバランスの調整に

華やかな芳醇さとグリーンでフルーティーな香り

　はっとするような華やかな芳醇さと、柔らかく解放的でフルーティーグリーンな香りを放つネロリナ。*Melaleuca*（ティートリー）種の中でも、もっとも温和で優しいアルコール類の含有率が高く、慢性疲労や睡眠、ホルモンバランス調整など、心身の緊張をやわらげながら調和を取り戻すためのケアとして活用が期待されている精油です。バランスの良い香りが落ち着きと安心感を与え、成分的にも安全に活用でき、芳香からスキンケアまで様々な商品に使用されます。緊張を伴った呼吸器系への温和な働き、消化器系のトラブルや免疫系もサポートし、心身を落ち着かせ、疲労回復へと導くバランサー。日常の使用頻度の高い精油です。

学　　　名	*Melaleuca quinquenervia ct linalool*		
科　　　名	フトモモ科	抽 出 方 法	水蒸気蒸留法
抽 出 部 位	全草	ノ ー ト	トップ・ミドル
主 な 産 地	オーストラリア		
主 な 作 用	抗ウイルス作用　　抗炎症作用　　　抗感染作用　　　抗菌作用　　　鎮静作用		
主な化学成分	E-Nerolidol（アルコール類）30-60％／Linalool（アルコール類）30-50％　1,8 Cineole（オキサイド類）2.6-3％／α-Pinene（テルペン類）0.3-1.9％　Limonene（テルペン類）0.5-1％など		
注 意 事 項	なし。		

ブレンドアドバイス 相性の良い精油

✻オレンジスイート　✻ベルガモット　🌿スペアミント　✻ネロリ　🪵フランキンセンス
✻パチュリ　サンダルウッド　✻ローズ　🌿ジュニパーベリー　🌿ラベンダースパイク

ネロリナは、心地よい優しい香りを持続的に放ち、多くの精油との相性が良く、絶妙で緩やかなしっとりとした香りのバランスを創造してくれます。

ホワイトクンジィア

White Kunzea

皮膚の組織を修復し
サポート

特徴的なドライ感のある、落ち着きのある香り

　小ぶりの葉と濃緑色を保持するクンジィアは、他の精油では感じられないドライ感ある香りが特徴で、ゆっくりと落ち着きのある香りを放ちます。カンジタ菌などに対する抗真菌作用が強力とされ、いくつかの実験結果からも98%-99%の殺菌力があると示されています。皮膚炎や虫刺され、やけど、頭痛など痛みを伴う症状、空気の殺菌、アザを伴う炎症など皮膚組織を修復するサポート精油として期待が高まります。野生動物がクンジィアの下でよく眠ることに着目していた専門家によると、虫やダニなどから自分を守る手段としてもクンジィアが役立つと理解され、そのそばで横になる習慣を得ていたことが記されています。

学　　　　名	Kunzea ambigua		
科　　　　名	フトモモ科	抽 出 方 法	水蒸気蒸留法
抽 出 部 位	全草	ノ　ー　ト	トップ・ミドル
主 な 産 地	オーストラリア		
主 な 作 用	去たん作用　　抗感染作用　　抗菌作用　　抗真菌作用　　鎮静作用		
主な化学成分	1,8 Cineole（オキサイド類）9-16%／α-Pinene（テルペン類）30-40% Globulol（アルコール類）7-12%／Viridiflorol（アルコール類）6-10% α-Terpineol（アルコール類）1.5-3% など		
注 意 事 項	なし。		

ブレンドアドバイス 相性の良い精油

⊛ ライム ⊛ ベルガモット ⊛ グレープフルーツ ❄ ジャーマンカモミール ⊛ サンダルウッド ❧ フラゴニア ❧ タイム ❧ ローズマリー ❧ ユーカリ ❧ ラバンディン ⊛ ネロリ

クンジィアは、スモーキーでドライな香りを放ち、ブレンドのバランスを奥深く支える精油の1つです。配分として少量で控えめに加えるのがポイントです。

ジンジャー

Ginger

巡りをサポートしてくれる爽快な力

心身を温め、意志の強さと決断力をバックアップ

レモン調のフレッシュで爽快さのある香りと、鼻にツンとくるような程よい刺激を感じるスパイスの香りを放つジンジャー。生薬として世界的に食・化粧品・サプリメントなど幅広く利用され、歴史的にも、古代エジプト、インド、日本、中国、ギリシャ、そしてローマで食用と医療の目的の両方において、重要な役割を果たしてきた植物です。

ギリシャの医師であるディオスコリデスはジンジャーに関して、消化促進作用があると記しており、現在でも世界の様々な国において、乗り物酔いや吐き気などの症状を含む、消化器系の問題に対して活用されています。

ジンジャーは、心身を温めることによって軸を形成するとされることから、「志」に影響を与える精油と考えられています。自分自身の判断に確信を持てずに迷い、躊躇ったり後悔をしたりと、実際に行動に起こしたいと感じているのに、その1歩を踏み出せずにいる状態などに対して、「意志と決断」を行動に移すための活力を与えてくれます。全身の循環に関わるすべての活性サポートを担うといっても過言ではなく、頭痛や冷え、発汗促進、むくみ、慢性疲労など、多岐にわたっての不調和に寄り添いながら、心身のバランスを取り戻すために活用されてきました。

他の精油とブレンドする際には、ジンジャーの奥にある独特な香りをよく感じることがコツ。心地よく活用するには、ジンジャーの香りを消すのではなく、上手に生かせるようブレンドすることが大切です。

海外の農場で見た精油用のジンジャー。日本の八百屋で売られている生姜に比べ、少し細い形状です。

土から掘ったばかりのジンジャーは、フレッシュなレモンそのもののような香りがします。

先が尖った細長い葉。ジンジャーの地上部はあまり目にすることがないため、畑でもつい見落としてしまいます。

白い花のつぼみ。花からも良い香りが漂います。

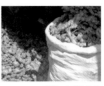

スリランカの農場で収穫されたジンジャー。根茎だけを切り落として精油が抽出されます。

学　　　　名	Zingiber officinale					
科　　　　名	ショウガ科		抽 出 方 法	水蒸気蒸留法		
抽 出 部 位	根茎		ノ　ー　ト	トップ・ミドル		
主 な 産 地	ジャマイカ、インド、日本、中国、マレーシア、オーストラリア					
主 な 作 用	引赤作用　　　　強肝作用　　　　去たん作用　　　　催淫作用　　　　循環促進作用 消化促進作用　　食欲増進作用　　バランス作用					
主な化学成分	Zingiberene（セスキテルペン類）38.1％／Curcumene（セスキテルペン類）17.1％ β-Sesquiphellandrene（セスキテルペン類）7.2％ β-Bisabolene（モノテルペン類）5.2％／Camphene（モノテルペン類）4.7％ β-Phellandrene（モノテルペン類）2.5％／Borneol（アルコール類）2.2％					
注 意 事 項	●肌に塗布したあと2時間は、肌を直射日光に当てないでください。					

ブレンドアドバイス
相性の良い精油

- レモン
- レモングラス
- メイチャン
- シダーウッド
- イランイラン
- ライム
- グリーンレモン
- ローズマリー
- ペパーミント
- ベティバー
- クローブ

ジンジャーは、香りの主役になるようなブレンドはなかなかありません が、スパイスの精油の中でも**大切な脇役としてその香りの爽快さと存在感を発 揮**してくれます。特に**柑橘系でも苦味のある精油との相性が抜群**であり、そ の他のスパイシーな精油や爽快感と鋭さのある精油との組み合わせで、よ りマイルドに確実に温かさを感じさせてくれるブレンドに仕上がります。

ブラック
ペッパー

Pepper, Black

じっくりと着実に
循環をサポート

体の芯を温め、全体のバランスを整える

　フレッシュで少し苦さを感じる香りと共に、スパイシーでエキゾチックな香りを放つブラックペッパー。ブラックペッパーは自分で直立して成長することができないため、他の木や挿木を軸として寄生しながら生育する芳香植物です。生育している畑の中を歩いてみると、他の木にしがみつくように巻きついて、背丈をどんどんと伸ばし、ぎっしりと鈴鳴りになったブラックペッパーの実の大群を目にしますが、その姿は実に圧巻の光景です。また、収穫の時期の違いによって実の色の赤や黒、そして白といった違いが生じますが、すべてが同じ木から採れたペッパーです。

　古くから心身を心地よく包み込みゆっくりと温めてくれる働きに優れ、プレッシャーや緊張状態から解放し、代謝や循環に関係する不調和に役立つと期待されてきた精油です。スパイスとしての機能はもちろん、消化不良や膨満感、便秘にも活用され、関節痛や筋肉痛、運動後の疲労などの不調改善にも役立ちます。

　喫煙の欲求を抑制するために有効であるという報告もあり、禁煙を試みる人には、マスクなどを使った芳香や日常生活の中で、心地よい使用方法で継続的に活用することをおすすめしています。

　また、高齢者施設で嚥下（食物を飲み込む）療法にブラックペッパーが有効的であることが確認されています。食事の際に、香りを嗅ぐことが有効とされ、施設や病院などでも導入活用されています。

鈴なりになるブラックペッパーの実。海ブドウの
ような形をしています。

緑色の実がだんだん赤、黒、白に変化していきます。　うっそうと茂り、まるで高い緑の壁のようです。

学　　　　　名	*Piper nigrum*		
科　　　　　名	コショウ科	抽 出 方 法	水蒸気蒸留法
抽 出 部 位	果実・種子	ノ ー ト	トップ・ミドル
主 な 産 地	マダガスカル、インドネシア、南インド		
主 な 作 用	引赤作用　　抗感染作用　　抗菌作用　　　循環促進作用　　消化促進作用 鎮けい作用　　鎮静作用　　　発汗作用		
主な化学成分	β–Caryophyllene（セスキテルペン類）9.4-30.9％／Limonene（モノテルペン類）16.4-24.4％ α–Pinene（モノテルペン類）1.1-16.2％／δ-3-Carene（モノテルペン類）0-15.5％ β–Pinene（モノテルペン類）4.9-14.3％／Sabinene（モノテルペン類）0.1-13.8％		
注 意 事 項	なし。		

相性の良い精油

🍋レモン　❋ベルガモット　❋オレンジスイート
🌼ネロリ　🌿マージョラム　🌿サイプレス　🌿ローレル
🌿ローズマリー　🌱フランキンセンス　🍇サンダルウッド
🌿シナモンリーフ

ブラックペッパーは、決して派手な香りを放つ精油ではなく、**厳かで捉えにくい香りを持つのが特徴**です。じっくりと着実に**香りを立てながら温かさを放出するように感じさせてくれる精油**です。どんな精油とブレンドしても決して邪魔になることはなく、常にマルチなバランスをとり続けるため、どんな時でも重宝できる**必須のスパイス精油**としてブレンドしてみましょう。

カルダモン

Cardamon

集中力アップと
リラックス効果

つらい神経疲労を緩和し、生命力を補うスパイシーな香り

　明るくフレッシュで軽さと高揚感の中に、スパイシーで甘い香りが融合する香りを放つカルダモン。その活用は紀元前からとされ、スパイスとしての食用活用のほか、チャイなどの飲料、中医学やアーユルヴェーダ伝統医学では生薬として広範囲で活用され、紀元前4世紀にはギリシャの医師たちが活用するように。緊張から解放してエネルギーを回復するサポートに長け、神経系全般には強壮効果があります。精神の集中を助けて思考の鈍りを改善する働きも。また、消化器系の症状にも良いとされています。爽快感ある1.8シネオールを多く含むため、循環器系や免疫系のサポートにも最適。全身のセルフケアや入浴におすすめの精油です。

学　　　　名	*Elettaria cardamomum*		
科	ショウガ科	抽 出 方 法	水蒸気蒸留法
抽 出 部 位	種子	ノ　ー　ト	トップ・ミドル
主 な 産 地	スリランカ、北インド、ラオス、グアテマラ		
主 な 作 用	去たん作用　　催淫作用　　循環促進作用　　消化促進作用　　神経強壮作用 鎮けい作用　　鎮静作用		
主な化学成分	1.8 Cineole(オキサイド類) 26.5-44.6%／α-Terpinyl acetate(エステル類) 29.2-39.7% Linalyl acetate(エステル類) 0.7-7.7%／Limonene(モノテルペン類) 1.7-6.0% Linalool(アルコール類) 0.4-5.9%		
注 意 事 項	なし。		

ブレンドアドバイス 相性の良い精油

🌸 オレンジスイート　🌸 グリーンレモン　🌿 ローレル　🌸 ネロリ　🌿 ユーカリ　🌿 ネロリナ
🌿 フラゴニア　🌿 ベティバー　🌿 レモンマートル　🌸 サンダルウッド　🌸 ラベンダー

カルダモンは、心地よい刺激と明るさを与えてくれる香りを放ち、深い芳醇な甘さや重さのある香りに少し加えることで、爽快さを与える精油です。

How to use essential oils — Aroma bath & Foot bath & Hand bath

アロマバス・手浴・足浴

**アロマ
バス** 浴槽のお湯に精油を垂らし立ち上る蒸気を吸い込み深呼吸

アロマバスは、浴槽のお湯に精油を垂らして楽しむ方法です。ぬるめのお湯に浸かり、立ち上る蒸気を深呼吸しながら吸い込み、ゆったりとした気分で香りを楽しみましょう。アロマバスは血液循環や新陳代謝が高まるとともに、副交感神経が優位になることで心身の緊張がほぐれ、リラックスを促します。ストレスや緊張、疲労、肩や腰のこり、胃腸のトラブルなど心と体両方のケアに幅広く役立ちます。

全身浴

肩までお湯に浸かる方法。全身をお湯に浸けることでリラックスでき、血行も良くなります。精油を2〜10滴、そのままお湯に垂らします。
ただし、幼児、高齢者、肌の弱い方は5滴までにしておいたほうが安心でしょう。

アロマバスでの注意 アロマバスを行う前に知っておきたいのが、**純粋な精油をお湯に垂らしても、お湯に精油は混ざらない**ということ。これは、精油が水に溶けない性質であり、大変揮発しやすい性質であるためです。湯船に精油を垂らすとまず揮発し、蒸気として浴室内に香りが広がります。アロマバスはこの香りを楽しみます。
アロマバスは、肌に刺激がないようであれば、上記で説明した滴数の精油をそのままお湯に垂らして利用してかまいません。ただし、**肌が弱い人は注意が必要**。なぜなら、精油の成分の中には、直接肌に触れた場合にかゆみや刺激になるものも含んでいるからです。そのため、あらかじめ**塩、ココナッツミルクパウダー、牛乳、植物油などの基材***(それぞれ大さじ1〜2杯)に精油を混ぜる使用方法が推奨されています。
しかし、混ぜる基材によっては入浴後の浴槽洗浄に手間がかかることも。特にココナッツミルクパウダーは心地よく、油分を多く含み、手間がかからず簡単に活用できるためおすすめの方法です。

*精油を安全な濃度に希釈する(薄める)時に使う材料のこと。

101

手浴・足浴　手や足を温めて血液循環も新陳代謝もアップ

　精油を混ぜたお湯に、足を浸けるのが足浴、手を浸けるのが手浴です。どちらも血液の循環を促し、新陳代謝を高め、疲労感やだるさ、むくみ、冷え性などに役立ちます。また、体を温めるだけでなく立ち上る蒸気とともに香りを楽しみながら、リラックスもできます。アロマバス（全身浴・半身浴）より手軽に行えるため、お風呂に入れない時や気分転換したい時などにおすすめの方法です。

手浴

洗面器などを用意し、手首が浸かるくらいまで熱めのお湯を入れます。その中に精油を3〜4滴垂らして混ぜ、15分程度手をゆっくり浸けます。
肌が弱い方は、101ページを参考に基材で希釈して行ってください。

足浴

バケツなどを用意し、ふくらはぎが浸かるくらいまで熱めのお湯を入れます。その中に精油を3〜4滴垂らして混ぜ、15分程度足をゆっくり浸けます。
肌が弱い方は、101ページを参考に基材で希釈して行ってください。

Annells recommend　湯船に浸かれない場合はアロマシャワーで

湯船に浸かる時間がない、旅先のホテルに浴槽がない、という時に最適なのがアロマシャワーです。シャワーのお湯を出す前に、床に3〜5滴の精油を垂らし、すぐにその垂らした場所をめがけてシャワーのお湯を当てます。そうすると、お湯の熱で一気に精油が揮発して蒸気とともに浴室内に香りが広がり、その香りを楽しみながら、シャワーを浴びたり、体を洗ったりすることができます。
これは、私が旅先でよく利用する方法。夜と朝の両方シャワーを浴びることができる場合には、その都度、精油の香りを変えて自分のマインドを切り替えたり、2〜3種類の精油をブレンドしたりして香りを楽しんでいます。この方法は簡単にできるので、おすすめです。

MIDDLE

ミドルノート

104 ❀ ゼラニウム	121 🌿 ペティグレン
106 ❀ ラベンダー（真正）	122 🌿 オレンジペティグレン
108 ❀ ジャーマンカモミール	123 🌿 マンダリンペティグレン
110 🌿 マージョラム	124 🌰 フェンネル
112 🌿 クラリセージ	125 🌿 ローレル
114 🌿 サイプレス	126 🌿 マートル
116 🌿 ジュニパーベリー	127 ❀ パルマローザ
118 🌿 タイムリナロール	128 🌰 クローブ
119 🌿 タイムゲラニオール	129 🌿 ヤロー
120 🌿 タイムティモール	130 ❀ クロモジ（黒文字）

ゼラニウム
Geranium

寄り添いながら
ホルモンバランスを調整

安心感を与える、甘く芳醇で温かさを感じる香り

　エキゾチックな香りの中に芳醇な甘さと落ち着きがあり、グリーンで優しく包み込むような香りを放つゼラニウム。厚みを感じる葉は緑色で小さい毛に覆われ、抽出された精油もとても綺麗な深みある緑色を保持しています。温かみを感じるゼラニウムの香りは、神経性の脳疲労や緊張感を和らげてくれ、不安感や落ち着きのない状態に対してそっと、そして確実に、安心感を与えてくれます。

　優れた抗炎症作用を持っているのが特徴で、神経性のストレスや、心身の疲労が原因とされる蕁麻疹や湿疹などの皮膚疾患を繰り返す場合や、免疫力の低下、関節痛などの症状にも、とても有効的に働きます。そのほか、ニキビケアや吹き出物、ホルモンバランスの乱れによる肌荒れや不調和に対するケアとして、バランスを整えるためのサポートとなる精油です。皮膚の感染症予防にも効果があるとされています。

　ホルモンのバランスを整える働きが期待できるので、月経痛や月経過多、PMS（月経前症候群）、更年期症状にいたるまで、女性に関する数々の不定愁訴に役立つとされています。安全かつ安心に活用することができる精油として、女性に寄り添う心強いサポーター的存在といえます。

　ただし、香りの好みは千差万別。特徴的なゼラニウムの香りを苦手に感じる人もいます。有効的な活用には、心地よいと思える感覚が重要。十分に香りの好みを確認しながら使用することを心掛けましょう。

104

1本の茎にいくつもの花が密集してつきます。

土が見えないほど隙間なく密集して茂ります。

葉はモコモコとして、わずかに弾力を感じます。

学　　　　名	Pelargonium asperum (graveolens)			
科　　　　名	フウロソウ科		抽 出 方 法	水蒸気蒸留法
抽 出 部 位	葉		ノ ー ト	ミドル
主 な 産 地	マダガスカル、コンゴ、北アフリカ、スペイン、フランス、イタリア			
主 な 作 用	強肝作用　抗炎症作用　抗菌作用　抗真菌作用　抗糖尿作用 催淫作用　止血作用　静脈強壮作用　鎮けい作用　鎮静作用 鎮痛作用　ホルモン調整作用　虫除け作用			
主な化学成分	Citronellol（アルコール類）24.8-27.7％／Geraniol（アルコール類）15.7-18.0％ Linalool（アルコール類）0.5-8.6％／Citronellyl formate（エステル類）6.5-6.7％			
注 意 事 項	なし。			

ブレンドアドバイス
相性の良い精油

✽オレンジスイート　✽ベルガモット　✎ティートリー
✎スペアミント　✎ユーカリ　✽イランイラン
✎ベティバー　✎フラゴニア　✽サンダルウッド
✎シナモンバーク　✽パチュリ

　きれいな緑色を保持し、甘く芳醇な温かさを与えてくれるゼラニウムの香りは、柑橘系の甘さのある精油や、程よい爽快感と甘さを持つ精油、そして深みと甘さのあるウッディな精油など、**どこかに甘さと優しさを保持した精油との相性がとても良い精油**です。イランイランやラベンダーなど、甘さが際立つ精油だけでブレンドすると、長時間の使用で苦しさを感じる場合がありますので、**かならず爽快感やフレッシュ感、苦さなどを兼ね備えた甘さのある精油とブレンドするようにすることがコツ**です。

ラベンダー
（真正）
Lavender

万能な働きと
心身を守る精油

優しい香りを放ち、高い安全性と広い用途の精油

　世界中でもっとも活用されている精油の代表格として位置する真正ラベンダーは、刈り取りの後に感じるようなグリーンで清々しい明瞭さのある香りと、優しく包み込むような甘さを放ちます。

　古代ローマ人が入浴の際にラベンダーを入れて香りを楽しんでいたということから、「洗う」という意味を持つラテン語の「lavare」という名が語源とされています。一粒一粒の花は細かい毛で覆われていて、愛らしい穂をたくさんつけます。真正ラベンダー（*Lavandula angustifolia*）だけでもたくさんの種類と色が存在します。紫以外にも白やピンク色の穂をつけるものがあり、それぞれ香りや成分に少しずつ違いがあるので、個々の姿の違いに加え、その微妙な特性の違いを楽しむことができます。

　ヨーロッパでは古くから「万能薬」として活用されてきた歴史があります。炎症、消毒、呼吸器系のトラブルから虫除け、虫刺され、肌荒れやニキビ、傷の痛みのケアに加え、ホルモンバランスの調整、頭痛、不眠、動悸、月経に関わるトラブル、筋肉痛など、多岐にわたり「バランスを整える」目的で使用されてきました。また、心のサポートとしての役割も重要で、気分のムラやネガティブなストレス、イライラや怒り、悲しみや落ち込みを緩和します。欲求不満や鬱積した感覚など、緊張を伴って生じる神経系のトラブルや痛みにも効果的で、感情の高ぶりを徐々に解きほぐすように和らげ、ゆっくりと鎮めてくれる精油です。

フランスのラベンダー畑。オーガニックの畑の多くは、人が立ち入らない隠れた場所にあります。

ラベンダーの精油は産地によって色が異なります。紫色の純粋な精油は存在しません。

ラベンダーのつぼみ。花が咲く前はやや青臭い香りがし、力強い生命力を感じさせます。

このページで紹介しているのは、すべて真正ラベンダーですが、花の色が微妙に異なります。

ラベンダー畑では花の香りに誘われて、たくさんの蜂が飛ぶ姿が見られます。

学　　　　名	Lavandula angustifolia				
科　　　　名	シソ科		抽 出 方 法	水蒸気蒸留法	
抽 出 部 位	茎と葉		ノ　ー　ト	ミドル	
主 な 産 地	フランス、クロアチア、ブルガリア、カリフォルニア、タスマニア				
キ な 作 用	血圧降下作用	抗炎症作用	抗感染作用	抗菌作用	抗真菌作用
	殺菌作用	鎮けい作用	鎮静作用	鎮痛作用	はんこん形成作用
主な化学成分	Linalool（アルコール類）44.4%／Linalyl acetate（エステル類）41.6%　Lavandulyl acetate（エステル類）3.7%／β-Caryophyllene（セスキテルペン類）1.8%　Terpinen-4-ol（アルコール類）1.5%				
注 意 事 項	なし。				

ブレンドアドバイス
相性の良い精油

🍊オレンジスイート　🍃ベルガモット　🌿ティートリー
🌿ユーカリ　🌸ゼラニウム　🌾ベティバー
🌿サンダルウッド　🌿ヒバ　🌲トドマツ　🌿タイム
🌿ペパーミント　🍃ローレル　🌸ローズ

芳醇で甘く、優しい香りを保持するラベンダーは、あらゆる精油のバランサーとして、**程よい緩さと清潔な香りを創造するために欠かせない精油の1つです。** 爽快感が強い精油や、深さと苦さが際立つような精油でも、分け隔てなくその力を発揮するラベンダーは、ブレンドの配分によってこもったようなはっきりしない香りに仕上がってしまうこともあるため、できるだけ**香りの優しさが同じような精油を選んでブレンドしないように気をつ**けてみましょう。

ジャーマン
カモミール

German Chamomile

消化器系への働きが
顕著な精油

心の中に閉じ込めた思いを解放する、鮮やかな青い色

　インクのような濃紺の色が印象的なジャーマンカモミール。メディシナルで苦さのあるグリーンな香りがどこか懐かしさをも感じる香りを放ちます。植物そのものの香りは精油に比べるとよりフローラルで優しく、軽い香りを放ちます。特徴的な精油の濃紺色はジャーマンカモミールの植物の色ではなく、水蒸気蒸留法によって、ジャーマンカモミールを抽出する際に生じる、「カマズレン」という成分の色です。

　また、この香りは体調や環境によって感じ方が大きく変わるのが特徴的です。多くの人は、この精油の香りを初めて嗅いだ時、刺激的で個性のある精油と感じます。ところが体調や環境の変化によって、とても惹かれる欲する香りへと変化していくのです。深く徐々に心に触れて浸透していく香りは、気持ちの中に閉じ込められていたものを1つずつひも解くサポートをしてくれます。心身の力を抜きながら呼吸を整えるためのバランスを与えてくれます。

　ジャーマンカモミールは、古くから消化器系への働きが顕著であるとされ、広く活用されてきました。ハーブティーでカモミールといえば、このジャーマンカモミールです。消化不良や食欲不振、心を落ち着けたい時、就寝前にリラックスをして呼吸を整えたい時に効果的で、気持を安定させて良い眠りへと導いてくれます。婦人科系全般のトラブルにも良いとされ、中でも月経痛の緩和に活用されています。

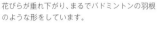

花びらが垂れ下がり、まるでバドミントンの羽根のような形をしています。

精油は鮮やかな青色。下の透明な液体は芳香蒸留水です。

毎年、北海道の農場に私のスクールの生徒さんたちと収穫に行きます。

学　　　　名	*Matricaria chamomilla*		
科　　　　名	キク科	抽 出 方 法	水蒸気蒸留法
抽 出 部 位	花	ノ ー ト	ミドル
主 な 産 地	南ヨーロッパ、北アメリカ、ヨーロッパ中心部、インド、ハンガリー		
主 な 作 用	抗アレルギー作用　抗炎症作用　抗感染作用　抗神経痛作用　抗バクテリア作用 袪痰作用　川児血流作用　鎮静作用　鎮痛作用		
主な化学成分	α-Bisabolol oxide A (オキサイド類) 38.7%／β-Faresene (セスキテルペン類) 25.7% α-Bisabolol (アルコール類) 5.0%／α-Bisabolol oxide B (オキサイド類) 4.4% Chamazulene (セスキテルペン類) 3.4%		
注 意 事 項	なし。		

ブレンドアドバイス
相性の良い精油

❀グレープフルーツ　❀オレンジスイート　❀ローズ
❀ジュニパーベリー　❀ベルガモット　❀ティートリー
❀サンダルウッド　❀ユーカリ　❀イランイラン
❀ベティバー　❀パチュリ

きれいな青色を保持し、メディシナルな医薬的な香りを放つジャーマンカモミールは、ブレンドの中でも最も難しい精油の1つです。しかし**深い芳醇な香りをもつ精油との相性は抜群に良く、爽快さやドライな香りの精油との組み合わせもおすすめします。**少量加えることでその力を発揮する精油ですので、**加えすぎたり配分のバランスが悪くなると香りが崩れてしまいます。**香りへの感覚を研ぎ澄まし、挑戦してみましょう。

マージョラム
Marjoram

心身のバランス
疲労感回復

意志と活力を整え、リラックスできるように促す

　優しさと柔らかい甘さの中に、芯のある芳醇なグリーンの香りを漂わせるマージョラム。小ぶりでたくさんの白い花を咲かせる姿は、愛らしさと同時に力強さも感じさせます。丸みを帯びた小さな葉に触れるたび、しっかりとした香りが届けられます。古代から料理や、医療の目的で幅広く活用されていた芳香植物の1つで、古代エジプト人は香水や軟膏、薬として使用していたとされています。ギリシャ神話にも愛と美と多産の神であるアフロディティがマージョラムに優しく触れたことで香りを放つようになったとの逸話もあるほど。

　マージョラムは「バランス」を表す精油として、心と身体の両方に働きかけます。無気力や不安な状態、神経性疲労や緊張、喪失感や孤独、心が乱れて感情的な衝動を止められない時、ゆっくりと着実に語りかけるように浸透し、心身のアンバランスさをサポートしてくれます。

　ネガティブなストレスが原因で生じる頭痛や偏頭痛、不眠や動悸、息切れ、月経不順やPMS（月経前症候群）、ホルモンバランスの崩れなどにもその有効性は期待できるとされています。そして、心身の様々な変化や負担に伴い連鎖する消化器系のトラブルや、筋肉のこりや痛み、神経性のトラブルや免疫の低下によって生じるアレルギーの悪化や不調和、高血圧や呼吸が浅い状態、花粉や鼻づまりなどの多くの症状にも、バランスを整えて回復に導くために、そっと寄り添って働きかけます。

つぼみの状態。小さな花が密集する姿はタイムにも似ています。

丸みを帯びた小さな葉がマージョラムの特徴です。

学　　　　名	Origanum majorana		
科　　　　名	シソ科	抽 出 方 法	水蒸気蒸留法
抽 出 部 位	花が咲いた全草	ノ　ー　ト	ミドル
主 な 産 地	地中海地方、フランス、エジプト、チュニジア		
主 な 作 用	血圧降下作用　　抗感染作用　　抗菌作用　　消化促進作用　　神経強壮作用 鎮けい作用　　　鎮静作用　　　鎮痛作用		
主な化学成分	Terpinen-4-ol（アルコール類）16.4-31.6%／Sabinene（モノテルペン類）7.1-13.8% Linalyl acetate（エステル類）7.4-10.5%／γ-Terpinene（モノテルペン類）7.3-9.8% γ-Terpineol（アルコール類）3.8-8.3%		
注 意 事 項	なし。		

ブレンドアドバイス
相性の良い精油

- ⊛ グレープフルーツ
- ⊛ オレンジスイート
- ⊛ ベルガモット
- ⊁ ペティグレン
- ⊛ ネロリ
- ⊛ サンダルウッド
- ⊁ ユーカリ
- ⊁ ラバンディン
- ⊁ ローズマリー
- ⊁ ベティバー
- ⊛ ヒノキ

甘く深いグリーンな香りを保持するマージョラムは、派手な香りではありませんが、すぐその特性を感じとることができるほどに存在感を表す精油です。グリーンな香りを放つ精油とブレンドしてしまうと、苦しく感じてしまうことがありますので、**柑橘系の精油や、爽快感のある精油に対して少量加える**ことで、そのバランス力と持続性を発揮します。

111

クラリセージ
Clary Sage

深く柔らかく
包み込むような力

不安や落ち込みを緩和し、幸福感をもたらす

グリーンな爽快さと深みのある香りの中に、燻したようなスモーキーでドライな香りを感じることができるクラリセージ。英語のclaryはラテン語の「明晰な」という意味であるclarusに由来し、この植物が目の疾患に有効とされてきたことを表し、学名の*salvia*は、ラテン語の「癒す」という意味のsalvereに由来します。

ヨーロッパでは大変重宝され、昔から疲れ目や目の腫れ、さらには聖なる薬草と呼ばれて大切にされてきました。現在でも、特にヨーロッパでは真正ラベンダーに匹敵するほど活用頻度の大変高い精油の1つです。光にあたるとキラキラと輝やき、ピンクやブルーや紫など、優しく淡い色の花を咲かせ、女性への活用を象徴するような姿を見せてくれます。

心身に対しては、落ち着きを与えながら心を鎮めるだけでなく、程よい刺激も与えます。疲労回復やそのバランスを保つように働きかけ、緊張を解きほぐしてくれます。筋肉痛や脚の疲労感、頭痛や偏頭痛、月経不順、月経痛、PMS（月経前症候群）、婦人科系の不調和に伴う腰痛や倦怠感、更年期症状など、幅広い活用に有用性が期待できる精油です。忘れてしまいがちな、ゆっくりとした深い呼吸と心地よい呼吸を日常生活の中で継続するために、クラリセージの香りはとても助けになってくれます。寄り添って呼吸を改善するだけでなく、循環器系および免疫系の強化、サポートにも役立ちます。

南仏のクラリセージ畑。ヨーロッパでは様々な種類のセージが栽培されています。

光に当たるとキラキラと輝くような花は、とても女性らしい印象です。

学　　　　名	*Salvia sclarea*		
科　　　　名	シソ科	抽　出　方　法	水蒸気蒸留法
抽　出　部　位	葉と花穂	ノ　ー　ト	ミドル
主　な　産　地	フランス、ロシア、イタリア、英国		

主　な　作　用	強壮作用	健胃作用	抗うつ作用	抗感染作用	抗菌作用
	抗真菌作用	子宮強壮作用	消化促進作用	神経強壮作用	鎮けい作用
	ホルモンバランス調整作用				

主な化学成分	Linalyl acetate(エステル類)49.0-73.6%／Linalool(アルコール類)9.0-16.0% Germacrene D(セスキテルペン類)1.6-2.0%／β-Caryophyllene(セスキテルペン類)1.4-1.6% Sclareol(アルコール類)0.5-2%
注　意　事　項	●妊娠中の使用は控えてください(ただし、36週目より使用可能です)。 　産後は妊産婦専門のアロマセラピストの判断を仰いでください。 ●セージはクラリセージ以外にもたくさんの種類が存在しています。 　その成分はそれぞれ異なりますので、使用の際はかならず学名を確認してください。

ブレンドアドバイス
相性の良い精油

❋ベルガモット　❋オレンジスイート　❋レモン
❋レッドマンダリン　✦フラゴニア　✦ペパーミント
✦サイプレス　✦パチュリ　✦ローズ　❋ネロリ
✦ユーカリ　✦レモンティートリー

ドライな苦さとグリーンな芳醇さを兼ね備えているクラリセージは、落ち着いた印象の中に甘さを醸し出す精油です。ハーブ調の深い香りとして少しブレンドが難しい精油に挙げられますが、実は**加える量を少量で調節できれば、どんな精油でも分け隔てなく組み合わせることができる万能な精油の1つです。**難しさを感じる場合には、常にその分量配分が原因となっていることが多くあります。**思い切って爽快さのある精油や、深い芳醇な精油と組み合わせて、**新しいクラリセージの活用に挑戦してみましょう。

サイプレス

Cypress

心身の変化に
寄り添って進む

気持ちを1つにまとめる大切なバランサー

清々しいグリーンで酸味のある香りと、どこか優しいウッディな深みを感じるサイプレス。地中海沿岸では比較的、容易にその姿を目にすることができますが、古代ギリシャ人がサイプレスの木と人々の関係性について「悲しみ」を象徴し、慰めの源として地中海沿岸の墓地に植林されていることがわかります。空に向かってスッと真っ直ぐに伸びる背が高い木に、ゴツゴツした小さい球果が大量に実っている姿は、とても厳かです。歴史的に様々な想いと共に歩んできたサイプレスは、転機や変化が生じる際の気持ちに寄り添い、少しずつ自分で道を切り開く力や忍耐力を強化し、封じ込めている感情と、鬱蒼としたエネルギーや感覚を解き放つ力を与えてくれる精油です。

不安な気持ちや迷いを1つずつまとめて整理するように、自分と向き合う力に気づかせてくれます。そして、相手を許容する余裕や落ち着きを取り戻すサポートにもなってくれます。緊張を和らげるという働きから、月経やホルモンバランスの崩れによって生じる様々な不調和に対し、大切なバランサーとしても活躍します。

特に心身に痛みを伴う症状を感じる場合には、呼吸がスムーズに感じられなくなり、緊張と共に感覚的な解放が難しくなります。そんな時に役立つのがサイプレスです。心身の崩れを整えて、少しずつ解放に迎えるようサポートしてくれる心強い精油です。

10mを超えるサイプレスの木。ヨーロッパではよく見かける木です。

この葉と球果から精油が抽出されます。

学　　　　名	Cupressus sempervirens		
科　　　　名	ヒノキ科	抽 出 方 法	水蒸気蒸留法
抽 出 部 位	葉と球果	ノ　ー　ト	ミドル
主 な 産 地	地中海地方、フランス、ドイツ		
主 な 作 用	月経調整作用　　抗菌作用　　抗リウマチ作用　　収れん作用　　静脈強壮作用 神経強壮作用　　鎮けい作用　　鎮静作用		
主な化学成分	α-Pinene（モノテルペン類）20.4-52.7%／δ-3-Carene（モノテルペン類）15.2-21.5% Cedrol（アルコール類）2.0-7.0%／α-Terpinyl acetate（エステル類）4.1-6.4% Terpinolene（モノテルペン類）2.4-6.3%／Limonene（モノテルペン類）2.3-6.0% β-Pinene（モノテルペン類）0.8-2.9%		
注 意 事 項	なし。		

ブレンドアドバイス
相性の良い精油

✺グレープフルーツ　🌿カルダモン
✺オレンジスイート　🌿ローズ　✿パチュリ
🌿ローズマリー　🌿サンダルウッド　🌿ユーカリ
✺イランイラン　✿ベティバー　🌿シナモンバーク

酸味を感じる爽快感とウッディな香りが混在するようなサイプレスの香りは、スパイスの精油や甘く優しい香りを放つ精油との相性がよく、柑橘系の精油を多めに組み合わせることによって、程よい心地よさを持ってバランスをとる香りへと変化します。**特に甘くウッディな香りを持つ精油との相性は抜群で**、少しずつ成熟するように香りに落ち着きと変化を与えてくれます。

115

ジュニパーベリー
Juniper Berry

心地よい刺激と
エネルギーを放出

体を温め利尿効果もあり、セルライトにも有効な精油

グリーンな爽快感と苦味、そして酸味と枝葉を感じるようなウッディな奥深さまで幅広い変化で香りを放つジュニパーベリー。フランスや他のヨーロッパの農家に訪れる際にも、野生のジュニパーに遭遇したことが幾度となくありますが、その見た目は大変ブルーベリーに似た実をつけ、多くは木々に埋もれながらもしっかりとその姿を見せてくれます。世界中で愛飲されている「ジン」の原料ともなっているジュニパーベリーは、食用や飲用での活用が近年、とても活発になっています。私たちが通常活用するジュニパーベリーの精油は、熟した果実を収穫したものが抽出されています。ただし、ジュニパーベリーの精油の記述の中には、成分として含まれる高濃度のαピネンとβピネンの成分が尿路を刺激するために、腎臓に対しての刺激があるとされているものも。これは、熟していない果実から抽出された場合や、果実以外の枝葉が抽出されている条件も含まれていることが多いためです。全て同じものではないと理解した上で、活用することが大切です。

スパイスとしても活用されているジュニパーは、心身を温めて活力と「意志」を与えてくれます。程よい刺激と共に、慢性疲労や四肢の冷え、むくみや循環の悪さ、リンパの滞留などのケアに大活躍してくれる精油です。そのほかに運動不足や暴飲暴食が続いて生じる不調和、そして共に乱れを生じさせる吹き出物や脂性肌などのバランスケアとして、活用が期待されています。

実はブルーベリーくらい小さく、葉は針のように尖っています。

青い実は精油抽出に使えないため、熟したものだけを手で摘んで収穫します。

学　　　名	Juniperus communis		
科　　　名	ヒノキ科	抽 出 方 法	水蒸気蒸留法
抽 出 部 位	熟した果実	ノ ー ト	ミドル
主 な 産 地	シベリア、スカンジナビア、ハンガリー、フランス、イタリア		
主 な 作 用	去たん作用　　抗感染作用　　抗菌作用　　抗リウマチ作用　　神経強壮作用 利尿作用　　リンパうっ滞除去作用		
主な化学成分	α-Pinene（モノテルペン類）24.1-55.4％／Sabinene（モノテルペン類）0-28.8％ β-Myrcene（モノテルペン類）0-22.0％／Terpinen-4-ol（アルコール類）1.5-17％		
注 意 事 項	●多量の使用はかゆみの原因になることがあります。 ●腎臓に疾患がある方は、本書に記載している半分の滴数で使用してください。 ●妊娠中の使用は控えてください。		

ブレンドアドバイス
相性の良い精油

✳レモン　✳ライム　✳グレープフルーツ　✳ローズ
✳ネロリナ　✳ネロリ　✳フラジオ二ア　✳ティートリー
✳サンダルウッド　✳ユーカリ　✳シダーウッド
✳ローズマリー　✳タイム

ジュニパーベリーは、ドライでハーブ調のグリーンな香りを持つ特性から、**特に柑橘系の精油との相性がよく**、さらにフローラルな深い**甘さを持つ精油を加える**と、鮮やかで**華やかな爽快感**をもつブレンドに変化させてくれます。また、グリーンな深みのある精油と組み合わせると、よりそのグリーンさが際立ち、活力を与えてくれるような優しい刺激を創造してくれる精油です。

タイム
リナロール

Thyme, linalool

落ち着きと勇気を与える

気管支炎や喘息などのサポートにも活用

　優しく包み込むような柔らかい甘さと、グリーンな深みがバランスよく融合した香りを放つタイムリナロール。Thymeという名前は、その香りからギリシャ語の「thymon」(燻す)と「thumon」(勇気)に由来すると言われ、300種以上の種類が存在し、それぞれに少しずつ違った特性を保持します。その中でもタイムリナロールは年齢を問わず、安全かつ、安心して使用できる精油。仕事の効率を上げたい時、焦りを感じた時など、一度自分で落ち着きたいと感じる時に自分の意識を整え、問題や次に立ち向かう勇気を与えてくれます。浅い呼吸や頭痛、高血圧の症状、メンタル面からのお腹の痛みや不快感、気管支炎や喘息などのサポートまで。その温和な働きから歴史的にも重宝されてきた精油です。

学　　　　名	Thymus vulgaris ct linalool		
科　　　　名	シソ科	抽 出 方 法	水蒸気蒸留法
抽 出 部 位	花が咲いた全草	ノ ー ト	ミドル
主 な 産 地	地中海地方、フランス、スペイン		
主 な 作 用	抗感染作用　　抗菌作用　　抗真菌作用　　殺菌作用　　消化促進作用 神経強壮作用　　鎮静作用　　鎮痛作用		
主な化学成分	Linalool(アルコール類)73.6–79.0%／Linalyl acetate(エステル類)3.4–8.6% α–Terpineol＋Borneol(アルコール類)1.4–4.8%／Thymol(フェノール類)1.0–3.8%		
注 意 事 項	●タイムはたくさんの種類が存在しています。その成分はそれぞれ異なりますので、使用の際はかならず学名を確認してください。		

ブレンドアドバイス 相性の良い精油

⊛オレンジスイート　⊛ベルガモット　⊛グリーンマンダリン　ローレル　ネロリ
ユーカリ　クロモジ　シナモンバーク　クローブ　ティートリー　サンダルウッド

心地よい緩やかな優しい香りを保持するタイムリナロールは、甘さと爽快さのある精油に少量加えてブレンドを仕上げると、惹きのある香りに仕上がります。

タイム
ゲラニオール

Thyme, geraniol

心身の不調和を整える

芳醇な温かさと、グリーンな優しさを感じる香り

タイムゲラニオールの香りは、芳醇な温かさを感じる甘さと共に、グリーンな優しさを感じるのが特性です。とても馴染みやすいタイムの香りで、タイムリナロールと活用用途が大変類似しています。自分自身を取り戻したいと感じる時や、落ち着かない状態をゆっくりと静めながら、心身に感じる不調和のバランスを整えます。また、肩こりやむくみ、メンタル面が関わって長く続く咳、リウマチ、関節痛など、循環器系、呼吸器系や免疫系などに関わる症状をサポート。抗真菌作用の働きで、カンジタ菌への顕著な結果もみられています。スッとしたシネオールを含有する精油をブレンドすると、より爽快感と心地よさが増して、心地よい呼吸につながるのでおすすめです。

学　　　　名	*Thymus vulgaris ct geraniol*		
科　　　　名	シソ科	抽　出　方　法	水蒸気蒸留法
抽　出　部　位	花が咲いた全草	ノ　ー　ト	ミドル
主　な　産　地	地中海地方、フランス、スペイン		
主　な　作　用	抗感染用　　抗菌作用　　抗真菌作用　　殺菌作用　　消化促進作用 神経強壮作用　　鎮静作用　　鎮痛作用		
主な化学成分	Geranyl acetate（エステル類）36.5%／Geraniol（アルコール類）24.9% β-Caryophyllene（セスキテルペン類）6.3%／Terpinen-4-ol（アルコール類）2.9% Linalool（アルコール類）2.6%		
注　意　事　項	●タイムはたくさんの種類が存在しています。その成分はそれぞれ異なりますので、使用の際はかならず学名を確認してください。		

 **ブレンドアドバイス** 相性の良い精油

オレンジスイート パルマローザ ローズ ベルガモット ユーカリ ティートリー ベティバー サンダルウッド スプルースブラック スペアミント

深い甘さとグリーンな香りを保持するタイムゲラニオールは、芳醇な深さと癖のある香りとの相性がよく、少量でその存在感をしっかりと表す香りを放ちます。

119

タイムティモール

Thyme, thymol

殺菌や抗感染作用に
優れる

どこか刺激を感じる、グリーン調の芳醇な香り

タイムティモール（チモールとも呼ばれています）の香りは、グリーン調の芳醇な香りと共に、ほのかに鋭い刺激を感じるのが特性です。タイムティモールにはフェノール類の成分が含有されており、他のタイムとは活用用途や使用方法が異なります。ミイラの防腐剤として活用されていたほか、古代ギリシャの人々は調理や空気の浄化、疫病の蔓延予防に利用していました。特に殺菌や抗感染作用、抗菌作用に優れ、私たちを様々な外敵から守る働きが期待できる芳香植物として活用され、芳香として香りの機能性を発揮させる活用方法がおすすめです。

学　　　　名	*Thymus vulgaris ct thymol*		
科　　　　名	シソ科	抽 出 方 法	水蒸気蒸留法
抽 出 部 位	花が咲いた全草	ノ　ー　ト	ミドル
主 な 産 地	地中海地方、フランス、スペイン		
主 な 作 用	抗感染作用　　　　抗菌作用　　　　抗真菌作用　　　　殺菌作用　　　　消化促進作用 神経強壮作用　　　　鎮静作用　　　　鎮痛作用		
主な化学成分	Thymol（フェノール類）48.3-62.5%／p-Cymene（モノテルペン類）7.2-18.9% Carvacrol（フェノール類）5.5-16.3%／γ-Terpinene（モノテルペン類）5.2-6.4%		
注 意 事 項	●妊娠中・高齢者・乳幼児への使用を控えてください。●皮膚刺激を感じる場合があります。 ●タイムはたくさんの種類が存在しています。その成分はそれぞれ異なりますので、使用の際はかならず学名を確認してください。		

ブレンドアドバイス 相性の良い精油

🏵 グリーンレモン　🏵 ライム　🏵 グレープフルーツ　🌿 ローズマリー　🌿 ユーカリ
🏵 ベティバー　🏵 パチュリ　🏵 サンダルウッド　🌿 ラベンダー　🌿 ローレル　🌿 フラゴニア

ツンと感じる刺激がある香りを放つタイムティモールは、優しくマイルドな精油に組み合わせ、ブレンドの際に少量のみの使用が必須の精油です。

ペティグレン
Petitgrain

バランス調整の
影の立役者

落ち込みを和らげ、心を元気にする香り

　深みのあるグリーンな香りと苦味、温かい優しさが懐かしさを与えて
くれるペティグレン。柑橘系の木の葉はすべてペティグレンと総称して
呼びますが、精油で活用するものはビターオレンジの木の葉を収穫抽出
されたものを指します。古典的なオーデコロンの材料として有名で、香
水には欠かせない芳香植物。ネロリ（花）と同じ木から収穫抽出される
ため、ネロリに近い働きをします。精神疲労や不安を和らげ、緊張や怒り、
気分の落ち込みに向き合う力や自分を意識する回復力をサポートする精
油。ストレスが原因の消化器系の不調和やホルモンバランスの調整に有
効で、さらには肌の吹き出物やニキビケアにも活用されています。

学　　　　名	*Citrus aurantium*		
科　　　　名	ミカン科	抽 出 方 法	水蒸気蒸留法
抽 出 部 位	葉	ノ ー ト	ミドル
主 な 産 地	地中海地方、ハイチ、西インド、南アメリカ、カリフォルニア		
主 な 作 用	抗炎症作用　　抗感染作用　　抗菌作用　　消化促進作用　　神経系バランス調整作用 鎮静作用		
主な化学成分	Linalyl acetate（エステル類）51-71％／Linalool（アルコール類）12.3-24.2％ Limonene（モノテルペン類）0.4-8.0％／a-Terpineol（アルコール類）2.1-5.2％ Geranyl acetate（エステル類）1.9-3.4％		
注 意 事 項	なし。		

ブレンドアドバイス　相性の良い精油

 ベルガモット　 オレンジスイート　 ネロリ　 ローレル　ラベンダー　ローズマリー
フランキンセンス　ペパーミント　イランイラン　サンダルウッド　ベティバー

本来、土台をつくりバランスを整える影武者的存在の精油。特徴的なグリー
ンが際立つことのないよう、多すぎず、控えめに加えることがポイントです。

オレンジ
ペティグレン

Orange Petitgrain

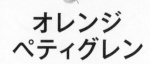

温和な成分で構成された精油

華やかというより着実に深みの軸を立たせる香り

　どこかで感じたことがあるような、奥深いグリーンな香りが特徴的なオレンジペティグレン。オレンジの葉を砕いた時に解き放たれるその香りは、パッとした華やかな香りを放つというよりも、バランスとしてもミドル・ノートとして着実にその深みの軸を立たせる香りを放ちます。大変、温和な成分で構成され、光毒性なども一切、認められていないので、安心して活用できます。酸化の早まる可能性はあり、できるだけ開封後は早めの使用を心掛けましょう。幼児や高齢者、敏感肌の方は、まれに皮膚に刺激を感じたり、使用量によって香りに刺激を感じる場合もあり、濃度や使用方法には十分に注意しましょう。

学　　　　名	*Citrus sinensis*		
科　　　　名	ミカン科	抽 出 方 法	水蒸気蒸留法
抽 出 部 位	葉	ノ　ー　ト	ミドル
主 な 産 地	イタリア、北アフリカ、スペイン		
主 な 作 用	血圧降下作用　抗炎症作用　抗感染作用　抗菌作用　鎮静作用		
主な化学成分	Linalyl acetate（エステル類）48-50％／Linalool（アルコール類）40-43％など		
注 意 事 項	●敏感肌・乳幼児・高齢者への使用は注意が必要です。		

ブレンドアドバイス 相性の良い精油

❀オレンジスイート ❀レッドマンダリン ❀クレメンティン ❀カルダモン ❀シナモンバーク ❀イランイラン ❀ベティバー ❀スペアミント ❀ラバンディン ❀ネロリ

オレンジペティグレンは、深みのあるグリーンな香りが、甘さをもつ精油やスパイスの精油との組み合わせで、落ち着いたバランスを与えます。

マンダリン
ペティグレン

Mandarin Petitgrain

マンダリンの葉から抽出した精油

セロトニンにも関係し抗不安作用として働くことが期待

グリーンな深みの中にシャープな苦さとドライな感覚を与えるマンダリンペティグレン。マンダリンの葉から抽出される精油で、他のペティグレンの精油に比べて特徴的な香りを放ち、その香りから感じる苦みのある芳醇さに魅了される人も少なくありません。この香りはストレス状態に関わるセロトニン分泌にも関係しているとされ、抗不安作用としての働きも期待されています。また、中程度の光毒性が認められているため、皮膚に塗布する活用法では注意が必要です。塗布後12時間は直射日光や日焼けマシーンに皮膚をさらすのは厳禁。希釈や使用方法、使用時間など、事前に確認した上で、安全な活用を心掛けましょう。

学　　　名	*Citrus reticulata*		
科　　　名	ミカン科	抽 出 方 法	水蒸気蒸留法
抽 出 部 位	葉	ノ ー ト	ミドル
主 な 産 地	イタリア		
主 な 作 用	抗炎症作用　　抗感染作用　　抗菌作用　　神経系バランス調整作用　　鎮静作用		
主な化学成分	Dimethyl anthranilate（エステル類）43-52％／γ-Terpinene（モノテルペン類）23-29％ Limonene（モノテルペン類）7-12％など		
注 意 事 項	●肌に塗布したあと12時間は、肌を直射日光に当てないでください。		

ブレンドアドバイス　相性の良い精油

❋オレンジスイート　❋グリーンマンダリン　❋クレメンティン　❋イランイラン　❋ネロリ
ユーカリ　フラゴニア　❋ネロリナ　❋サンダルウッド　ローズマリー

マンダリンペティグレンは、特徴的な深みと刺激のあるグリーンな香りが、甘さを強くもつ精油とのバランスで、甘さとドライな爽快感を創り出します。

フェンネル

Fennel

自己表現と感情の解放を導く精油

消化機能もサポートする、温かく甘い香り

　スパイシーで爽快感がある軽い香りを感じると同時に、芳醇な深みのある甘さと落ち着きのある重い香りを放つフェンネル。古代エジプトやギリシャ、ローマ帝国、インドなどで料理や医療には欠かせない大切な芳香植物として活用され、現在でも各国の料理やお菓子で味わえます。温かさを感じる甘い香りは高ぶる感情を抑えて落ち着きを取り戻し、自己肯定感や自信を少しずつ与えてくれる精油で、神経性の問題にも有効だと考えられています。食欲不振や消化不良、膨満感、便秘などの不調改善にも役立ちます。産後の母乳促進のケアにハーブティーとしての摂取はおすすめですが、精油とハーブは共に妊娠期の使用は避けましょう。

学　　　　名	*Foeniculum vulgare*		
科　　　　名	セリ科	抽 出 方 法	水蒸気蒸留法
抽 出 部 位	種子	ノ ー ト	ミドル
主 な 産 地	地中海地方、ギリシャ、フランス、イタリア		
主 な 作 用	抗感染作用　　催乳作用　　食欲増進作用　　鎮けい作用　　鎮痛作用 ホルモンバランス調整作用　　利尿作用		
主な化学成分	trans-Anethole（フェノール類）64.0-69.2％／Limonene（モノテルペン類）0.2-21.0％ Fenchone（ケトン類）0.2-8.0％／Estragole（エーテル類）1.1-4.8％		
注 意 事 項	●妊娠中の使用は控えてください。 ●授乳中は希釈濃度1％以下で使用してください。		

ブレンドアドバイス 相性の良い精油

❋ベルガモット ❋オレンジスイート ❋レッドマンダリン ❋パルマローザ ❋ゼラニウム ❋サイプレス ❋ジャスミン ❋ローズ ❋ベティバー ❋パチュリ ❋サンダルウッド ❋ラベンダー

深い甘さとグリーンで重さのある香りを放つフェンネルは、フレッシュさを感じる甘い柑橘系の精油に少量組み合わせると、力強さを加えることができます。

ローレル

Laurel

慢性的な気管支炎の
ケアとして推奨

程よい刺激を与える、元気づけの精油

優しくフェミニンな甘い香りと、柔らかい爽快さを届けてくれるローレルの香り。月桂樹の名で慣れ親しまれ、昔から薬草として活用されてきました。現代でも食用での活用が盛んです。落ち着きと安心感、深呼吸を感じさせる香りは、緩やかで穏やかな感覚と共に、程よい刺激が活力をくれます。とてもバランス良い成分特性を持ち、多岐にわたる様々な症状や不調和に、安心して活用できる万能精油の1つ。特に慢性的な呼吸器系のトラブルや、不眠、筋肉の痛み、循環や免疫の強化に役立ちます。ブレンドでは土台となる重要な精油で、香りの調和と絶妙なバランスを創造してくれます。

学　　　　名	*Laurus nobilis*		
科　　　　名	クスノキ科	抽 出 方 法	水蒸気蒸留法
抽 出 部 位	葉・枝	ノ　ー　ト	ミドル
主 な 産 地	フランス、ベルギー、トルコ		
主 な 作 用	強壮作用　　　去たん作用　　　駆風作用　　　抗菌作用　　　整腸作用　鎮痛作用		
主な化学成分	β-Pinene（モノテルペン類）4％／α-Terpinyl acetate（エステル類）9％ Linalool（アルコール類）10％／1,8 cineole（オキサイド類）40％		
注 意 事 項	なし。		

ブレンドアドバイス 相性の良い精油

✿オレンジスイート ✿ベルガモット 🌿カルダモン 🍃ユーカリ ✿サンダルウッド
✿パチュリ 🌿シナモンバーク ✿ネロリナ ✿ネロリ 🌲ミルラ 🌿スペアミント

ローレルは、心地よく優しいグリーンな香りを放ち、特に爽快感のある精油やウッディな香り、スパイシーな香りの精油との組み合わせがおすすめです。

125

マートル

Myrtle

独特な香りと刺激を感じる精油

呼吸器系や免疫強化など、幅広い年齢層に活用

　シャープな爽快さと深みと重みのバランスを感じるマートルの香り。昔から呼吸器系や感染、免疫強化などに対して幅広い年齢層に活用されてきた精油ですが、独特な香りに刺激を感じる人は少なくありません。比較的温和な成分で構成されていますが、精油には皮膚刺激や毒性が懸念されるエストラゴール(Estragole)が含有されていることから、日常的に気軽に使用するほど身近な存在ではない精油の1つ。子供、妊産婦、高齢者への使用、そういった環境の家族構成にある方は、その使用方法や使用量に十分な考慮が必要です。迷いや不安があれば、ぜひ専門家へ相談し、より安全な活用をおすすめします。

学　　　　名	*Myrtus communis*		
科　　　　名	フトモモ科	抽 出 方 法	水蒸気蒸留法
抽 出 部 位	葉	ノ　ー　ト	ミドル
主 な 産 地	地中海沿岸地域、西インド		
主 な 作 用	抗ウイルス作用　　抗感染作用　　抗菌作用　　鎮痛作用　　免疫強壮作用		
主な化学成分	α–Pinene (テルペン類) 18-57%／1,8 Cineole (オキサイド類) 18-38% Limonene (テルペン類) 5-13%／Linalool (アルコール類) 1.7-10% Estragole (フェノール類) など		
注 意 事 項	●乳幼児・妊娠中・授乳中・高齢者への使用は注意が必要です。		

ブレンドアドバイス 相性の良い精油

 ベルガモット　ペパーミント　レモンマートル　ローレル　サンダルウッド
オレンジスイート　ユーカリ　シナモンバーク　ネロリナ　ラバンディン

　深い落ち着きのあるマートルの香りは、鋭い爽快感を持つ精油や、深くウッディな香りと共に、甘さのある柑橘系の精油でバランスが整っていきます。

パルマローザ

Palmarosa

乾燥、湿疹、乾癬など
抗炎症作用への働きも

心のバランスを調整し、神経系全般のリラクゼーションに

　フローラルで奥深い華やかさに、森の中を歩いた時に感じる湿った土の香りと、スモーキーな香りが絶妙に入り混じったような複雑な香りを放つパルマローザ。レモングラスのように長く伸びる緑の細長い葉を持ちます。古くから深い落ち着きをもたらすとされ、神経系の不調和や、ネガティブなストレスからの解放に役立ちます。イライラや怒り、不眠、動悸、憂鬱感、嫉妬などから自分自身へ意識を戻すように気分転換させ、バランスを整えてくれます。抗炎症、抗感染作用への働きも期待でき、芳香からスキンケアまで幅広く安心して活用できる精油。フローラルやウッディな香りの精油と相性抜群で見事なバランサーとして働きます。

学　　　　　名	*Cymbopogon martini*			
科　　　　　名	イネ科	抽 出 方 法	水蒸気蒸留法	
抽 出 部 位	葉	ノ ー ト	ミドル	
主 な 産 地	マダガスカル、インド、アフリカ、ジャワ			
主 な 作 用	健胃作用	抗うつ作用	抗炎症作用	抗感染作用	抗菌作用
	抗真菌作用	子宮強壮作用	消化促進作用	神経強壮作用	鎮けい作用
	ホルモンバランス調整作用				
主な化学成分	Geraniol（アルコール類）74.5-81.0％／Geranyl acetate（エステル類）0.5-10.7％ Farnesol（アルコール類）0.5-6.1％／Linalool（アルコール類）2.6-4.5％				
注 意 事 項	なし。				

ブレンドアドバイス 相性の良い精油

✳ オレンジスイート　✿ ゼラニウム　🌿 カルダモン　🍃 ユーカリ　✳ パチュリ　🍃 サイプレス
✳ ローズ　✿ サンダルウッド　🌿 クローブ　🍃 クラリセージ　✿ イランイラン　✿ ベティバー

スモーキーな甘さを持つパルマローザは、爽快感のある甘さと優しさや、ウッディな深み、そしてスパイシーな精油とブレンドすると芳醇な香りに変化します。

127

クローブ
Clove

歯痛の痛みを
和らげる作用がある

心身に刺激と緊張感を与えるトニック剤

　強く刺激的なメディシナルな香りが特徴的で、スパイシーな爽快感と奥深く甘さをゆっくりと感じられるクローブ。昔から世界中で大変重要な役割を果たしてきた芳香植物の1つです。強力な殺菌作用、抗感染作用の保持が特長で、空気清浄や空気を介した感染、消毒や殺菌、防腐、痛みの緩和などの目的に役立つ成分の特性が見出され、その確実な効果を期待されてきました。中世の化学薬剤が登場する過程でも、その成分効果に着目した研究が行われてきたハーブの1つ。程よい刺激と緊張感を与えるクローブは、循環器系、免疫系、消化器系への働きに有用とされ、風邪やインフルエンザ予防、関節痛のケアなどに活用されます。

学　　　　名	*Syzygium aromaticum*		
科　　　　名	フトモモ科	抽 出 方 法	水蒸気蒸留法
抽 出 部 位	つぼみ	ノ ー ト	ミドル
主 な 産 地	スリランカ、インドネシア、フィリピン、東南アジア、インド、中国、アフリカ		
主 な 作 用	健胃作用　　抗ウイルス作用　　抗菌作用　　殺菌作用　　刺激作用 鎮けい作用　　鎮静作用　　鎮痛作用		
主な化学成分	Eugenol（フェノール類）73.5-96.9％／β-Caryophyllene（セスキテルペン類）0.6-12.4％ Eugenyl acetate（エステル類）0.5-10.7％		
注 意 事 項	●妊娠中・授乳中の使用は控えてください。 ●皮膚刺激を感じる場合があります。		

ブレンドアドバイス 相性の良い精油

❋レモン　❋オレンジスイート　カルダモン　フランキンセンス　ティートリー　ブルーサイプレス　ホワイトクンジア　❋サンダルウッド　ネロリナ　ブッダウッド　ミルラ

クローブは、スパイシーで刺激のある香りを放ち、深みと芳醇さのある精油とブレンドすると落ち着きをもたらします。少量のみでのブレンド使用が最適です。

128

ヤロー

Yarrow

傷や炎症のケアに
有効な精油

美しい薄いコバルトブルーの色を保持した精油

　苦みとドライな香りはどこか懐かしく、安定した落ち着きに優しさを
そっと与えてくれるヤロー。その不思議な香りは、昔から魔力と関係す
る「浄化の香り」を保持する芳香植物として重宝され、そのメッセージ
は今でも引き継がれています。心身に感じる痛みの緩和や、落ち着きを
サポートする香りとしても古くから活用されてきた精油です。ジャーマ
ンカモミール同様、水蒸気蒸留過程の抽出時にカマズレンの成分が生じ
るため、精油の色は美しい薄いコバルトブルー。成分特性からは抗炎症
作用の働きが期待され、主に傷や炎症のケアに使用されます。

学　　　　　名	*Achillea millefolium*		
科　　　　　名	キク科	抽 出 方 法	水蒸気蒸留法
抽 出 部 位	全草	ノ ー ト	ミドル
主 な 産 地	ハンガリー、フランス、クロアチア		
主 な 作 用	抗炎症作用　　抗感染作用　　抗菌作用　　消化促進作用　　神経強壮作用 鎮静作用　　鎮痛作用		
主な化学成分	Sabinene（モノテルペン類）25-30％／Chamazulene（セスキテルペン類）19-22％ Myrcene（モノテルペン類）5-7％／Camphor（ケトン類）2-4％ α-Pinene（モノテルペン類）4-5％など		
注 意 事 項	なし。		

ブレンドアドバイス 相性の良い精油

グレープフルーツ　グリーンマンダリン　ライム　ティートリー　ロザリナ
パチュリ　ゼラニウム　ローズ　ベティバー　クローブ　サンダルウッド

ドライな香りでどこか惹きつけられる香りを放つヤローは、爽快感のある柑橘
系の精油や、深みと重さの中に甘みのあるような精油との相性が抜群です。

クロモジ
（黒文字）
Kuromoji

自律神経のバランスを整える

温かい安心感と心地よい感覚を与えてくれる上品な香り

　優しく包み込むような柔らかさと芳醇さを備えるクロモジの上品な香り。古くから小楊枝として私たちの生活に根付いてきた木です。近年精油の活用も広がりましたが、お茶としての飲用が盛ん。シナロールと1.8シネオール、双方の成分をバランスよく含むため、この成分特性が香りの良さを際立たせ、人々を虜にする独特の心地よさをもたらします。呼吸を意識させるようにゆっくりと心を整え、自分の中に程よい空間を創り出し、そっと守ってくれるかのような温かい安心感を与えてくれます。心身の疲労度が高く落ち着かない時、頭痛、食欲不振、高血圧、不眠、イライラが続く時などに効果的で、自律神経のバランスを整えるサポートに。

学　　　名	*Lindera umbellata*		
科　　　名	クスノキ科	抽　出　方　法	水蒸気蒸留法
抽　出　部　位	枝葉	ノ　　ー　　ト	ミドル
主　な　産　地	日本、中国		
主　な　作　用	抗ウイルス作用　　抗炎症作用　　抗菌作用　　鎮けい作用　　鎮静作用		
主な化学成分	Linalool（アルコール類）44-50％／Limonene（モノテルペン類）6-8％ 1,8 Cineole（オキサイド類）9-11％／Geranyl acetate（エステル類）11-15％など		
注　意　事　項	なし。		

ブレンドアドバイス　相性の良い精油

ベルガモット　オレンジスイート　クレメンティン　ユーカリ　サンダルウッド
シダーウッド　パチュリ　スペアミント　ローレル　ティートリー　タイム

クロモジは、優しく繊細な香りを保持し、深みのある甘さやウッディな香りを持つ精油と組み合わせることで、安心感と落ち着きを与えるブレンドに仕上がります。

How to use essential oils — Compress

湿布

精油を含ませたタオルを体に当て、こりや痛みを緩和

精油を含んだお湯や冷水にタオルなどを浸して絞り、体に当てる方法です。ねんざや打撲、体のこりや痛み、疲れなど、局所的な問題に役立ちます。

温湿布	冷湿布
体を温めたい時、血行を良くしたい時に向いています。	体を冷やしたい時、急性のトラブル、炎症を起こしている時などに向いています。

＊上記は一般的なものです。痛みがある場合はまず医師の診断を受けてください。

湿布の方法

1. てぬぐいやフェイスタオルを準備します。温湿布の場合にはお湯を、冷湿布の場合には冷水を洗面器に入れます。
2. お湯や水に精油を2〜3滴垂らし、てぬぐいやフェイスタオルにも1〜2滴精油を垂らします。
3. てぬぐいやフェイスタオルをお湯または水にくぐらせてよく絞り、それを体に当てます。

注意 上記の方法でつくった湿布を、顔に直接当てるのは避けてください。

電子レンジを使う方法

タオルに十分に水を含ませた後に水気が落ちない程度に軽く絞り、電子レンジで1分〜1分30秒温めると、ホットタオルを簡単に作ることができます。そこに精油を2〜3滴垂らして揉み込むと、とても心地よい香りの温湿布ができます。

注意 高温となる場合がありますので、やけどの原因とならないように、電子レンジから取り出す際には十分に気をつけてください。

How to use essential oils — Housekeeping

ハウスキーピング

掃除や生活の中の臭い消しにも精油が活躍

精油は、家の掃除や消臭にも活用することができます。拭き掃除する雑巾に直接精油を垂らしたり、スプレーをつくって利用したりするなど方法も様々。爽やかな香りの精油を生活に取り入れることで、家族みんなが快適に過ごす手助けとなります。

ハウスキーピングの注意
使用する材質によっては変色する可能性があるため、注意してください。

利用方法1 拭き掃除
一番簡単なのが、拭き掃除する雑巾にレモンなどを2〜3滴垂らす方法です。香りを楽しみながら、掃除ができます。

利用方法2 掃除用スプレー
スプレー容器に無水エタノール(3mℓ)とティートリーなどを30滴入れ、よく振って混ぜます。そこに、水(30mℓ)を入れてさらに振って混ぜれば掃除用スプレーの完成です。拭き掃除などに利用しましょう。

利用方法3 消臭
下駄箱の臭いが気になる場合は、クローブ、ティートリー、ペパーミントを2滴ずつティッシュに垂らして置いておきましょう。生ゴミ入れやゴミ箱、使用後のオムツ入れの臭い消しにも、この方法が役立ちます。

利用方法4 除菌
まな板の除菌には、ペパーミントなどを1〜2滴垂らしてゴム手袋をした手で伸ばし、1時間後によく洗い流します。

MIDDLE
BASE

134 ❀ ローズ

（ローズ オットー、ローズ アブソリュート）

136 ❀ イランイラン

138 ❀ ローマンカモミール

140 ❀ ジャスミンサンバック

141 ❀ ジャスミングランディフローラム

142 ❀ ネロリ

144 ❀ リンデンブロッサム

145 ❀ シナモンバーク

146 ❀ フランキンセンス

ローズ
（ローズ オットー、ローズ アブソリュート）

Rose

女性の心身を優しく包み込む

華やかで芳醇な香りは心のケアにも効果的

　最も幅広い香りと変化、そして華やかで優しく、厳かでスッと心の中に入り込んでくるようなローズの香り。決して煌びやかではなく、グリーンで力強い香りも同時に持ち合わせています。

　歴史的に見ても世界中でその活用の幅は広く、最も知られている精油です。他の精油に比べて抽出量は少なく、抽出時間を要する高価な精油でありながらも、昔から人々に寄り添って、これまでの時代を経ているといえるでしょう。

　水蒸気蒸留で抽出されるローズはローズオットーと呼ばれ、ダマスクローズから抽出されます。溶剤抽出法で抽出されるローズはローズアブソリュートと呼ばれ、センティフォリアローズから抽出されます。その成分は、複雑に絡み合う自然がつくり上げた処方として、まだ解明されていない部分が数多く残っている神秘的な植物です。

　ローズは感情に深く影響を与える精油として、怒り、不安、恐怖、落ち込み、傷つき、寂しさ、悲しみ、トラウマなど、特に神経が過敏になる時や、心身のバランスを極端に崩してしまう場合、痛みを伴う場合に対して着実に働きかけます。

　また、ネガティブなストレスなどが起因して生じる頭痛や便秘、月経や肌のトラブル、炎症、分娩時、更年期ケアなど、特に産婦人科分野での活用が顕著な変化や効果を示す代表的な精油です。

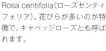
Rosa centifolia(ローズセンティフォリア)。花びらが多いのが特徴で、キャベッジローズとも呼ばれます。

大ぶりの白または薄いピンクの花を咲かせる Rosa alba(ローズアルバ)。

Rosa damascena(ローズダマセナ)は手のひらに乗るくらいの大きさ。

Rosa damascena(ローズダマセナ)が咲く畑。バラの中でも、最も芳香が強い品種です。

精油ガイド90 ミドル・ベース 「ローズ(ローズ オットー、ローズ アブソリュート)」

学　　　　名 (ローズ オットー)	*Rosa damascena* (ローズダマセナ)	抽 出 方 法 (ローズ オットー)	水蒸気蒸留法(ローズ オットー)
学　　　　名 (ローズ アブソリュート)	*Rosa centifolia* (ローズセンティフォリア)	抽 出 方 法 (ローズ アブソリュート)	溶剤抽出法(ローズ アブソリュート)
科　　　　名	バラ科		
抽 出 部 位	花	ノ ー ト	ミドル・ベース
主 な 産 地	ブルガリア、トルコ、フランス、イラン		

主 な 作 用	去たん作用	抗うつ作用	抗炎症作用	抗感染作用	抗菌作用
	催淫作用	収れん作用	神経強壮作用	鎮静作用	ホルモンバランス調整作用

主な化学成分 (ローズ オットー)	Citronellol(アルコール類)16-35.9%／Geraniol(アルコール類)15.7-26.7%／Nerol(アルコール類)3.7-8.7%／Methyleugenol(フェノール類)0.5-3.3%／Linalool(アルコール類)0.5-2%
主な化学成分 (ローズ アブソリュート)	2-Phenylethanol(アルコール類)64.8-73%／Citronellol(アルコール類)8.8-12%／Geraniol(アルコール類)4.9-6.4%／Linalool(アルコール類)0.5-2%
注 意 事 項	●妊娠中の使用は控えてください(ただし、36週目より使用可能です)。 ●溶剤抽出法で得られるローズ アブソリュートは、皮膚に塗布するケアには使用しないでください。

ブレンドアドバイス
相性の良い精油

❋オレンジスイート　❋レモン　❋レッドマンダリン
❋グレープフルーツ　ジュニパーベリー
❋サンダルウッド　❋ベティバー　クラリセージ
❋サイプレス　❋パチュリ

ローズは、甘さというより芳醇でドライな香りを放つのが特徴で、時間が経つにつれてその香りを甘く変化させていきます。**爽快感のある精油や、ウッディな精油、またハーブ調の精油を加えることで、フレッシュ感と甘さがバランス良く変化するブレンドに仕上げることができます。**ローズは少量で強くその力を発揮しますので、**加えすぎるとブレンドバランスが崩れてしまいます。**加える配分に十分に注意して挑戦してみましょう。

135

イランイラン

Ylang Ylang

不安を和らげ
心を満たす

精神的な落ち込みをサポートする異国情緒の甘い香り

グリーンな奥行きと甘さ、芳醇で華やかな香りがまっすぐ鋭く香り立つイランイラン。

「そよ風に揺れる花」という意味をもつalang ilangが名前の由来だとされているイランイランは、垂れ下がるように厚みのある花を咲かせ、東南アジアのマーケットでも頻繁に見ることができ、神へ供える花として飾られています。黄色の鮮やかで愛らしいその花は、力強い香りを放ち同時に1日でその色を変色させてしまう繊細さを持っています。

感情が高ぶってコントロールが難しい時の緊張を和らげ、自信のなさやイライラ感が募るような状態や、不安や恐れがありながらもその感情を自分の中に押しとどめてしまう場合、神経質になってしまう環境や状況に対して、程よい刺激と自分を意識する部分をつくり出しながら心を整える環境を提供してくれます。

ゆっくりと眠りを誘う精油としても活用され、月経やPMSなどの月経前に生じる不調和、ホルモンバランスの乱れ、そして肌のハリや潤いを保つためのバランスを整えます。

その他頭皮の血行促進や保湿、髪のお手入れなどのケア、日常の中での心身の健やかさを保つ上で大切な免疫の強化などにも有効です。

香りの強さを調節しながら、少しずつ適量の精油を他の精油とブレンドし、心地よく継続的に活用することが大切なポイントです。

鮮やかな黄色の花びらは、温度や
管理状態ですぐに黒く変色してし
まいます。

イランイランの木は横に大きく
広がり、まるで傘のよう。木の
下にすっぽり人が入れます。

緑色をした花びらが、だんだん
黄色に変わっていきます。

花びらは厚く、垂れ下がったよう
に見えるのが特徴です。

学　　　　名	Cananga odorata		
科　　　　名	バンレイシ科	抽　出　方　法	水蒸気蒸留法
抽　出　部　位	花	ノ　ー　ト	ミドル・ベース
主　な　産　地	マダガスカル、フィリピン、南アジア、インドネシア		
主　な　作　用	抗うつ作用　　抗炎症作用　　抗感染作用　　抗糖尿作用　　催淫作用 鎮けい作用　　ホルモンバランス調整作用		
主な化学成分	Benzyl acetate（エステル類）25.1%／p-Cresyl methyl ether（エーテル類）16.5% Linalool（アルコール類）13.6%／Methyl benzoate（エステル類）8.7% Geranyl acetate（エステル類）5.3%		
注　意　事　項	●多量の使用は、頭痛や吐き気を起こす可能性があります。 ●乳幼児・敏感肌の方は本書に記載している半分の滴数で使用してください。		

ブレンドアドバイス
相性の良い精油

ベルガモット　オレンジスイート　ペパーミント
ローレル　シダーウッド　クラリセージ
ベティバー　パチュリ　ゼラニウム　タイム
バジル　ラバンディン

イランイランは、**深く芳醇で妖艶な香り**を保持し、**鋭さやグリーンな爽快
感をもつ柑橘系の精油**や、**ウッディで深みと温かさのある香り**がイランイ
ラン本来の良さを引き出します。ブレンドのバランスによっては長時間で
も心地よく感じさせる香りへと変化します。**強さを発揮する精油のため、少
量でのブレンドがおすすめ**です。

ローマン
カモミール

Roman Chamomile

心の緊張を解放する扉

リラックスしたい時に役立つ甘く優しい香り

　柔らかさと優しさの中に奥ゆかしさ、そして軽い爽快感と明るさをもたらす香りを放つローマンカモミール。

　ヨーロッパでは古くから薬、香料、芝、フラワーアレンジメントなど日常生活には大変身近に活用されてきた芳香植物で、花だけでなく茎や葉からもその可憐な香りを放ちます。

　ギリシャでは医学の基礎を気づいた医学の父ヒポクラテスが解熱剤として使用し、英国ではチュダー王朝時代にカモミールを床に敷いて、その漂う香りを家の中で楽しんでいたとされています。

　ローマンカモミールの香りは、神経性の緊張が続いたり、ネガティブなストレスを抱えすぎてメンタル面が不安定な状態などに有効です。

　それらの症状を和らげながら、欲求不満や思い通りに進まないことへの怒り、周りの人を責めたり自己嫌悪に陥ってしまうなどの状況から落ち着きを取り戻し、ゆっくりと呼吸を整えながら心の整理をするためのサポートをする精油です。

　穏やかさを与え、不眠や神経性の消化不良や便秘、膨満感や頭痛、喘息、気管支炎、痛みなど、緊張から解放し、心身のバランスを整えます。

　また、女性のトラブルに寄り添う精油としても利用されています。月経痛やPMSなど婦人科系の不調和にも役立ち、さらに年齢を問わず安心して活用できる精油です。

北海道のローマンカ
モミール畑。日本国
内でも栽培する農場
が増えています。

ジャーマンカモミールに比べ、ローマンカモミー
ルの花は大ぶりです。

刈り取ったあと、花のみを蒸留器に入れて精油を
抽出します。

精油ガイド90 ミドル・ベース ローマンカモミール

学　　　　名	*Chamaemelum nobile*		
科　　　　名	キク科	抽　出　方　法	水蒸気蒸留法
抽　出　部　位	花	ノ　ー　ト	ミドル・ベース
主　な　産　地	南ヨーロッパ、北アメリカ、ヨーロッパ中心部		
主　な　作　用	抗アレルギー作用　　抗炎症作用　　　抗感染作用　　　抗神経痛作用　　　消化促進作用 鎮けい作用　　　　　鎮静作用		
主な化学成分	isobutyl angelate (エステル類) 0-37.4％／Butyl angelate (エステル類) 0-34.9% 3-Methylpentyl angelate (エステル類) 0-22.7%／Isoamyl angelate (エステル類) 8.4-17.9% Camphene (モノテルペン類) 0-6.0%／α-Pinene (モノテルペン類) 1.1-4.5%		
注　意　事　項	●アトピー性皮膚炎の方、敏感肌の方は、かならずパッチテスト（225ページ参照）を行ってください。		

ブレンドアドバイス
相性の良い精油

🏵 ベルガモット　　🏵 オレンジスイート
🏵 グリーンマンダリン　　🌿 ユーカリ　　💧 フランキンセンス
🏵 サンダルウッド　　🏵 パチュリ　　🌿 タイム
🌿 ティートリー　　🌿 ペパーミント

ローマンカモミールは、優しい甘い香りの中にも芯のある強さを放つ香り
で、**爽快感や苦さ、深いウッディな香りを持つ精油とのバランスによって、**
可愛らしい香りを演出することができる特別な精油です。**ブレンドの配分
としては少量で脇役としての使用がおすすめ。**全体的な香りとしては程よ
い割合となりますので、心地よい香りを創るために控えめに加えることが
ポイントとなります。

ジャスミン
サンバック

Jasminum sambac

分娩時にも活用される精油

芳醇で包容力のある壮大な温かさを感じる香り

　厳かで上品な中にも、柑橘系のフレッシュな甘さと妖艶な深い香りが絶妙に香り立つジャスミンサンバック。心身を瞬時に解放してくれるような感覚を感じることができる香りで、しっかりと心身を支え、鎮静作用をもたらしてくれます。不安で落ち着きがない状態や、緊張やネガティブなストレスと人間関係によって顔がこわばってしまうような状態に、そっと手を差し伸べてくれます。女性が抱える不調和やホルモンバランスの乱れにも有効的で、活用するたびに香りの印象が強く記憶に残る精油です。妊娠中の使用は避け、分娩時や産後の活用も使用濃度には、十分に気をつけることをおすすめします。

学　　　名	*Jasminum sambac*		
科　　　名	モクセイ科	抽 出 方 法	溶剤抽出法
抽 出 部 位	花	ノ ー ト	ミドル・ベース
主 な 産 地	インド北部、エジプト、モロッコ		
主 な 作 用	抗うつ作用　　抗炎症作用　　抗感染作用　　催淫作用　　鎮けい作用 鎮静作用　　鎮痛作用　　バランス作用　　母乳抑制作用　　ホルモンバランス調整作用 利尿作用		
主な化学成分	β-Faresene（セスキテルペン類）18.4%／Linalool（アルコール類）13.9% Methyl anthranilate（エステル類）5.5%／Benzyl acetate（エステル類）4.3% Methyl benzoate（エステル類）2.6%		
注 意 事 項	●溶剤抽出法で得られるジャスミン アブソリュートは、皮膚に塗布するケアには使用しないでください。●妊娠中の使用は控えてください。		

ブレンドアドバイス 相性の良い精油

❋オレンジスイート ❋ベルガモット ❋レッドマンダリン ❋ネロリ ❋サンダルウッド
❋パチュリ ❋スペアミント ❋ネロリナ ❋クロモジ ❋ベティバー

ジャスミンサンバックは明るさと優しさで包み込むような香りを放ち、甘い柑橘系の精油との相性が抜群に良い精油です。ブレンドのバランスのために、ごく少量の使用をおすすめします。

ジャスミン グランディフローラム

Jasminum grandiflorum

直感力を高め、自分をコントロール

芳醇で包容力のある温かさとグリーンでシャープな香り

　芳醇さの中にも、鋭くビターで奥行きのある甘さを放つジャスミングランディフローラム。古くから医薬品や香料として価値が認められてきたジャスミンの花は、日が沈んでからまだ暗い朝方にかけて最も良い香りを放ち、陽が当たらない場所でもしっかりとその存在を示す夜の女王と呼ばれています。ジャスミンサンバックに比べてグリーンさとドライな香りを兼ね備えている香りは、心の芯に触れるように自分の意志に働きかけ、直感力を高めてくれます。誰も見ていないところで頑張る自分を支えてくれる大切なサポーターとして、寄り添ってくれる精油です。

学　　　　名	*Jasminum grandiflorum*			
科　　　　名	モクセイ科	抽 出 方 法	溶剤抽出法	
抽 出 部 位	花	ノ　ー　ト	ミドル・ベース	
主 な 産 地	インド北部、エジプト、モロッコ			
主 な 作 用	抗うつ作用　　抗炎症作用　　抗感染作用　　催淫作用　　鎮けい作用 鎮静作用　　鎮痛作用　　バランス作用　　母乳抑制作用　　ホルモンバランス調整作用 利尿作用			
主な化学成分	Benzyl acetate（エステル類）15-24.5％／Benzyl benzoate（エステル類）8.0-20％ Phytol（アルコール類）7.0-12.5％／Cis-Jasmone（ケトン類）1.5-3.3％			
注 意 事 項	●溶剤抽出法で得られるジャスミン アブソリュートは、皮膚に塗布するケアには使用しないでください。●妊娠中の使用は控えてください。			

ブレンドアドバイス 相性の良い精油

❋ベルガモット　❋グレープフルーツ　❋レッドマンダリン　❋クレメンティン
❋サンダルウッド　❋シダーウッド　❋パチュリ　❋ペパーミント　❋ローレル

ジャスミングランディフローラムは、ドライスモーキーな芳醇さのある香りが特徴的で、ウッディな落ち着いた香りの精油との組み合わせがおすすめです。

ネロリ

Neroli

落ち着きと包み込まれる安心感

精神性の症状に効き、安眠をもたらしてくれる香り

可憐で優しく、繊細で柔らかく、グリーンな甘さと芳醇な香りで神々しく周りを包み込んでくれるネロリ。柑橘系の木に咲く花は、全てネロリと総称して呼ばれ、それぞれの種類によって学名が異なります。

精油で活用するネロリはビターオレンジの木から収穫されています。その花びらは厚みがあり、光に通すと水玉のように精油が透けて見える姿は、とても愛らしく感じます。

ネロリという名前の由来は、ローマ近郊のネロラ公国の公妃アンナがこのネロリの花の香りを身につけていたことに関係しているといわれています。

ネロリは安心感と落ち着きをもたらし、過敏で感情的に追い詰められて、コントロールが難しいメンタル面をサポートする精油として、世界中で活用されている香りです。

強さと自信、不安、イライラ、落ち込みや憂鬱さ、高血圧や不眠、体温調節、消化、呼吸などに有効的です。自律神経系に関わる様々なアンバランスさに対して、驚くほどに優しくそして確実に働きかけ、穏やかさを与えてくれる精油です。

おすすめの活用法は睡眠前の入浴やスキンケア、マッサージケアなど。深呼吸と心地よい呼吸によって安眠をサポートし、心身のバランスと心の静寂を回復させるための強い味方となってくれる香りです。

芳醇なネロリの花びら。大量の花からわずかな量の精油しか抽出できません。

枝を軽く叩いて花を落とし、その花を集めて精油を収穫します。

大きくなり始めた実。これが大きくなるとビターオレンジになります。

学　　　　名	Citrus aurantium var.amara		
科　　　　名	ミカン科	抽 出 方 法	水蒸気蒸留法
抽 出 部 位	花	ノ ー ト	ミドル・ベース
主 な 産 地	イタリア、フランス、チュニジア		
主 な 作 用	抗うつ作用　抗感染作用　抗菌作用　収れん作用　消化促進作用 静脈強壮作用　鎮静作用		
主な化学成分	Linalool（アルコール類）43.7-54.3％／Limonene（モノテルペン類）6.0-10.2％ Linalyl acetate（エステル類）3.5-8.6％／β-Ocimene（モノテルペン類）4.6-5.8％ α-Terpineol（アルコール類）3.9-5.8％／β-Pnene（モノテルペン類）3.5-5.3％ Geranyl acetate（エステル類）3.4-4.1％／Nerolidol（アルコール類）1.3-4.0％ Neryl acetate（エステル類）1.7-2.1％／Nerol（アルコール類）1.1-1.3％		
注 意 事 項	なし。		

ブレンドアドバイス
相性の良い精油

✳ オレンジスイート　✳ ベルガモット　✳ カルダモン
🌿 ローレル　🌿 ペティグレン　🌿 フラゴニア
🌿 ティートリー　🌿 サンダルウッド　🌿 ユーカリ
✳ シダーウッド　🌿 タイム　✳ パチュリ

ネロリは、他の精油では代替えできない優しく包み込むような甘さをもつ香りを放ち、爽快感のある精油からスパイシーな精油、そして深みのある精油をそれぞれにバランス良くブレンドすることで、単品では感じることができない幅広い安心感と温かさのある香りへと変化します。特に**爽快さをもつグリーンな精油や、柑橘系などの配分が印象づくりのポイントとして**大切になります。

143

リンデンブロッサム
Linden Blossom

呼吸を落ち着け
サポートする

一瞬で空気を変えてしまうような、華やかで甘い香り

　華やかで透き通るような甘さと包容力を保持するリンデンブロッサムの香り。一瞬で空気を変えてしまうように、他に変わりがないと感じるぐらい圧倒的な心地よさと爽快感を与えてくれます。お釈迦様が悟りを開いた時に、この菩提樹の下に座っていたという話は、とても有名なエピソードです。

　心を包み込むように呼吸を落ち着けながら、穏やかに寄り添うだけでなく、神経が過敏になった状態で生じる咳や息苦しさ、そして肌の荒れなどにも活用されてきました。現在はこの精油は抽出量が少なく大変高価で、なかなか純粋な精油を手に取ることが難しい状況となっています。

学　　　　名	Tilia cordata		
科　　　　名	シナノキ科	抽 出 方 法	溶剤抽出法・二酸化炭素液化抽出法
抽 出 部 位	花	ノ ー ト	ミドル・ベース
主 な 産 地	フランス		
主 な 作 用	血圧降下作用　　抗うつ作用　　抗菌作用　　収れん作用　　鎮静作用		
主な化学成分	6,10,14-Trimethyl-2-pentadecanone（ケトン類）11-20% Nonanal（アルデヒド類）7%／Linalool（アルコール類）4% Menthone（ケトン類）3%／Borneol（アルコール類）2% Menthol（アルコール類）3%／Terpinen-4-ol（アルコール類）1%など		
注 意 事 項	なし。		

ブレンドアドバイス 相性の良い精油

✳レモン　✳ライム　✳ベルガモット　✳オレンジスイート　🍃ユーカリ　✳サンダルウッド
✳シダーウッド　✳パチュリ　🍃スペアミント　✳ネロリナ　✳クロモジ　🍃タイム

リンデンブロッサムは、透明感と明瞭感のある香りを放ち、特に柑橘系の精油と共にウッディな香りを少量加えることで、落ち着きと持続性のある香りに仕上がります。

シナモンバーク
Cinnamon Bark

殺菌や
抗ウイルス作用がある

食用や飲料の香り付けとして感じる身近な芳醇な香り

スパイシーで奥深い温かさと心地よさを与えてくれるシナモンバーク。葉から抽出される精油と樹皮から抽出される精油の両方が活躍してきました。樹皮から抽出されるその香りは、私たちの感覚の奥深くまで入り込んでいくような芳醇な香りを放ちます。食用や飲料の香り付けとして感じる身近な香りで、殺菌や抗ウイルス作用、また神経強壮作用としての働きを顕著に示します。しかし、精油は強い皮膚刺激が認められているため、少量でのブレンドを行なって芳香での活用をお勧めします。

敏感肌、乳幼児、妊娠中、授乳中、高齢者への活用は避け、使用時に確認するように十分に注意しましょう。

学　　　名	Cinnamomum zeylanicum		
科　　　名	クスノキ科	抽 出 方 法	水蒸気蒸留法
抽 出 部 位	樹皮	ノ ー ト	ミドル・ベース
主 な 産 地	スリランカ、マダガスカル、インドネシア		
主 な 作 用	強壮作用　　抗ウイルス作用　　抗菌作用　　抗真菌作用　　殺菌作用 循環促進作用　　神経強壮作用　　鎮けい作用		
主な化学成分	Cinnamaldehyde（アルデヒド類）60-80% ／ Eugenol（フェノール類）5-10% Copaene（セスキテルペン類）5-7% ／ Terpinen-4-ol（アルコール類）0.4-1.5% 1,8 Cineole（オキサイド類）0.3-3.3%など		
注 意 事 項	●皮膚刺激を感じる場合があります。 ●敏感肌・乳幼児・妊娠中・授乳中・高齢者への使用は控えてください。		

ブレンドアドバイス 相性の良い精油

 ✹レモン ✹ライム ✹ベルガモット ✹オレンジスイート ✹レッドマンダリン ✹サンダルウッド ✹パチュリ ✹レモンティートリー ✉ユーカリプタス シトリアドラ ✉タイム

シナモンバークは、深みと重厚感のあるスパイシーな甘さが特徴で、特に柑橘系の爽快感のある精油と組み合わせることで、より心地よい爽快感に変化します。

フランキンセンス

Frankincense

心の浄化と
次の一歩を踏み出す力

深い呼吸を促し落ち着いた気持になる香り

クリアな濁りのない香りで、バランスの取れた深みと優しさをもつフランキンセンス。その歴史は長く、古代エジプト時代に活用されていたことから始まり、樹脂にそのまま火をつけて焚くことで上がる煙を通して、祈りを捧げていました。古代ローマ時代にはすでに蜂蜜を混ぜたパックとして活用されるなど、その有効性が説かれてきた樹脂です。シバの女王が大量のフランキンセンスをソロモン王に献上したことや、キリストの三賢者の贈り物の1つとして、捧げられたことなどは語り継がれています。

フランキンセンスは聖書にも登場し、教会を象徴する香りとしても崇められてきました。歴史を彩ってきた樹脂と同じものを、現在も活用しているその香りは、神秘的で厳かなものといえるでしょう。

フランキンセンスは、何かを願う時、すでに生じてしまった過去やトラウマと向き合うためのケアなどに活用され、神経系の作用とサポートに優れていることが広く知られている精油です。深い呼吸を促し、背中に手を当てるように徐々に落ち着きを与え、滞りを解消して循環させてくれます。瞑想や祈りのふさわしい環境をつくり、不安感やイライラ、心が乱れている時にも役立ちます。緊張を伴う気管支炎や喘息、蕁麻疹、免疫低下、消化不良や便秘、冷えや不眠など、自律神経に関わる不調和を和らげ、心地よい呼吸をサポートしながら、一歩前へ踏み出せるように背中を押してくれる精油です。

傷をつけた部分から樹脂を収穫する様子。　　高く伸びるフランキンセンスの木。

学　　　　名	*Boswellia carterii*		
科　　　　名	カンラン科	抽 出 方 法	水蒸気蒸留法
抽 出 部 位	樹脂	ノ　ー　ト	ミドル・ベース
主 な 産 地	ソマリランド、エチオピア、南アラビア、中国、ソマリア		
主 な 作 用	強壮作用　　　抗感染作用　　　抗菌作用　　　収れん作用　　　鎮けい作用 (呼吸器系の)鎮痛作用		
主な化学成分	α-Pinene(モノテルペン類)10.3-51.3% ／α-Phellandrene(モノテルペン類)0-41.8% Limonene(モノテルペン類)6.0-21.9% ／β-Myrcene(モノテルペン類)0-20.7% p-Cymene(モノテルペン類)0-7.5%		
注 意 事 項	なし。		

ブレンドアドバイス
相性の良い精油

❁グレープフルーツ　❁オレンジスイート　🌿ユーカリ
❁ローズ　❁ネロリ　🌿ペティグレン　❁ベルガモット
🌿ティートリー　🌰シナモンバーク　🌿ローレル
🌿スペアミント

フランキンセンスは、**ニュートラルな香りでどのような精油にもバランス良く融合できる香り**をもつ精油です。**特に深みのある樹脂やウッディな香りとの相性が大変良く**、柑橘系や爽快感をもつ精油との組み合わせで、透明感のある心地よい香りをブレンドで創造することができます。分け隔てなく安心して活用できる香りとして、**ブレンドには必須の精油**です。

How to use essential oils — Aroma diffuse & Inhalation

スキンケア

皮膚は大切な身体の臓器の1つ。肌を健康に保つには心身のバランスを整えることが大切です

　私たちの皮膚は大切な身体の1つの臓器であり、単に身体の表面を覆っている皮ではありません。そのため、怪我などを除き、何か肌のトラブルがある場合には、心身のバランスが崩れているサインであるとも言えます。そう考えると、表面に塗る処置だけでは肌が改善しないのでは？ と疑問が生じます。まさにその通りで、肌を健康に保つにはまず、心身のバランスを整えることが重要です。私たちの肌のコンディションは、運動、代謝と循環、免疫力、ホルモンバランス、睡眠、骨密度、筋肉などの働きと、心（メンタル面）の状態が一緒になり、日々の積み重ねでつくり上げられているものです。

肌質や環境によって皮下から血流に入っていく精油の成分は種類と量に
違いがあり、塗布した量に応じてそのまますべて働くものではありません。

アロマセラピースキンケアは、皮膚に塗布する(塗る)ことが重要視されていま
す。そのせいか、塗布した精油がそのまま肌に入り込み、塗布した量に応じて働
くと勘違いしがちです。実際に純粋な精油は、体温ほどの温度で容易に揮発(蒸
発)するので、皮下から血流に入る精油の成分は、種類と量に限りがあります。た
くさん塗ったからといって期待する効果が上がるものではありません。市販のど
んな化粧品にも適量があり、正しく使用することで肌本来の機能は保たれます。

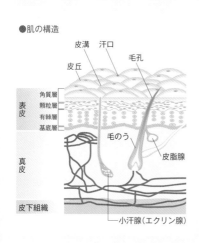

●肌の構造

皮溝　汗口
皮丘　　　毛孔
角質層
顆粒層
有棘層
基底層
表皮
毛のう
真皮
皮脂腺
皮下組織
小汗腺(エクリン腺)

健康な肌はバリア機能が
しっかり働いている状態です。
このバリア機能が、悪影響を
与えるものを通過させないよ
うブロックし、肌を守ってく
れています。ただし、心身の
ダメージやストレスが強まる
と、免疫力の低下やホルモン
バランスの乱れにつながり、
肌本来の機能も落ちてしまい
ます。急に肌が刺激を感じた
り、トラブルが現れるのは、
バリア機能の低下が大きな要
因です。

肌は健康であれば、本来持つ機能も回復させる力を持っています。その自己再生力をしっかりと活用するためには、身体全体が肌に関係しているという意識を持つことです。特に、何度も同じ肌トラブルを繰り返す場合には、生活習慣の改善や心身の機能を高めることが必要となります。食事や睡眠を見直し、代謝や循環を促してホルモンバランスを整え、メンタル面をサポートするなど、それぞれに栄養と時間を与えなければいけません。

　本来の芳香療法(アロマセラピー)スキンケアは、まずは精油の香りを嗅ぐことで、肌に大切な循環、呼吸、免疫、ホルモンバランスをサポートする目的があります。

　精油の香りは呼吸を整え肺へと取り込まれ、脳へ電気信号としても伝わり、循環やホルモンバランス、自律神経、メンタル面を整えることでの肌へのアプローチが期待できます。さらに有効成分を肌に塗布することで、より効果のあるスキンケアを行うことが可能となります。

　肌状態の改善は目にみえて分かりやすいため、アロマセラピースキンケアによる肌成果はアロマセラピーの総合的な結果を示しているといえます。

　心身の働きと香りの関係を知ることで、より自分の体調や環境、肌質を自分自身で感じることがスタートとなります。まずは鏡の前でゆっくりと自分の肌に触れ、自分自身の気になる肌トラブルの原因を考えてみましょう。スキンケアと共に生活習慣などを変えることも大切です。

　鼻から感じる香りは、深呼吸や心地よい呼吸を意識することを叶えてくれます。リラックスしながら行えるアロマセラピースキンケアは心地よく、それまでおっくうだった毎日のお手入れを、楽しく快適なものに変えてくれるはずです。

スキンケアの注意
肌は触りすぎると逆効果。摩擦が刺激となります。毎日の長時間のマッサージケアや過剰な塗布などは避け、できるだけ触れる回数が少なくできる、シンプルなケアを心がけましょう。

BASE

ベースノート

152 🌿 サンダルウッド

154 🌿 シダーウッド

155 🌿 ベティバー

156 🌿 パチュリ

157 🕯 ベンゾイン

158 🕯 ミルラ

160 🌾 バニラ

161 🌾 コーヒー

162 🌾 カカオ

163 🌿 ブッダウッド

164 🌿 ブルーサイプレス

165 🌿 ヒバ（ヒノキアスナロ）

166 🌿 ヒノキ

サンダルウッド
sandalwood

心身に深く
向き合うために

呼吸器系の炎症を緩和し、鎮静をもたらす

　優しく壮大な柔らかさと甘さを持ち、ゆっくりと時間をかけて着実に香りを放つサンダルウッド。歴史的に宗教との繋がりが強く、瞑想や儀式にも活用されている香りで、インドの伝承医学であるアーユルベーダでは、サンダルウッドパウダーをペースト状にしたものを、皮膚の炎症ケアにも用いています。

　甘く柔らかい香りは、過度に緊張や興奮した心を深く鎮静させると同時に、官能性を高めてくれる働きがあります。気持ちを落ち着かせ、明瞭さを取り戻しながら、自分自身と向き合うために役立ってきました。神経性の疲労や思い込み、考えすぎなどを鎮め、心の軸に働きかけるように調和を保つためのサポートをします。また、呼吸器系の炎症や苦しさへの活用に有効的とされ、深い呼吸のために爽快感のある他の精油とブレンドすると、よりその効果を期待することができます。

　一度伐採すると、完全な状態に育つためには最低でも50年かかると言われているサンダルウッドの木は、主な産出国であるインドでは政府によって管理されていますが、不法に伐採される木が後を絶ちません。現在は環境への配慮も含め、アロマセラピーとしては主にサンダルウッドの木から抽出された精油を活用することがメインとなっています。現在、インド産に代わってオーストラリア産（*Santalum spicatum*）が主流となってきています。

心材を左ページの写真のようにおがくずの状態
にして、水蒸気蒸留法で精油が抽出されます。

葉はかたく、横にどんどん広がりながら成長して
いきます。

学　　　　名	Santalum album及びSantalum spicatum		
科　　　　名	ビャクダン科	抽 出 方 法	水蒸気蒸留法
抽 出 部 位	細かく砕かれた心材	ノ　ー　ト	ベース
主 な 産 地	南アジア		
主 な 作 用	去たん作用　　抗うつ作用　　抗炎症作用　　収れん作用　　鎮静作用 鎮痛作用　　虫除け作用		
主な化学成分	α–Santalol（アルコール類）46.2-59.9％／β–Santalol（アルコール類）20.5-29％ Nuciferol（アルコール類）1.1-5.1％／β–Santalene（セスキテルペン類）0.6-1.4％		
注 意 事 項	なし。		

ブレンドアドバイス
相性の良い精油

🌸 ベルガモット　🌼 オレンジスイート　🌸 レッドマンダリン
🌿 ペパーミント　🌿 スペアミント　🍃 ユーカリ　🌸 ネロリ
🌸 ローズ　🌸 ラベンダー　🌼 ジャーマンカモミール

サンダルウッドは、**徐々に継続的に甘く重厚感のある深みを香りとして放
ち続ける精油**です。ブレンドの中では**バランサーの役割を持ち、他の精油
を引き立てながら着実に深い甘さを残していく**ため、最初に印象を創る柑
橘系と爽快感のあるグリーンな香りを放つ精油は、どこか甘さをもつ香り
を選定することで、よりサンダルウッドが融合した香りを感じやすく仕上
げることができます。

153

シダーウッド

Cedarwood

壮大で静寂さのある
穏やかさ

不安や緊張を和らげ、神経を鎮静して心穏やかに

　壮大な大地を感じさせる優しさと、温かさと深みのあるウッディな香りを放つシダーウッドは、一番初めにベースノートとして紹介される精油の1つです。

　優れた鎮静作用があり、自信の喪失やショックな出来事や動揺する気持ちを落ち着けながら、精神疲労や集中力に欠ける状態から解き放つように、緊張した心身を和らげるサポートをします。また、安心感と心地よさをもたらすだけでなく、循環や免疫力を強化し、リンパの流れやむくみ、冷えの改善や体重管理、消化器系の不調和を助け、活力となる土台を形成するためのサポートをする精油です。

学　　　名	*Cedrus atlantica*		
科　　　名	マツ科	抽 出 方 法	水蒸気蒸留法
抽 出 部 位	木	ノ ー ト	ベース
主 な 産 地	モロッコ		
主 な 作 用	去たん作用　抗感染用　抗菌作用　脂肪分解作用　収れん作用 鎮静作用　皮脂分泌抑制作用　防腐作用　（穏やかな）利尿作用　リンパ循環促進作用		
主な化学成分	β-Himachalene（セスキテルペン類）30.8-40.4% α-Himachalene（セスキテルペン類）10.3-16.4% α-Atlantone（ケトン類）5.2-13.4%／γ-β-Himachalene（セスキテルペン類）6.7-9.7%		
注 意 事 項	なし。		

ブレンドアドバイス 相性の良い精油

 オレンジスイート　 レモン　スペアミント　ペパーミント　ユーカリ　 フランキンセンス　フェンネル　ゼラニウム　ローズ　ペティグレン　ローズマリー　ネロリ

加え過ぎると予想以上に甘さが際立って、バランスを崩しやすくなります。配分は控えめにして他の精油を多く加え、香りの調整に挑戦しましょう。

ベティバー

Vetiver

深く温かく心身を放つ

精神的な圧迫感を緩和する、甘いウッディな香り

スモーキーで芳醇な深い甘さと、ビターでドライな香りをゆっくりと放つベティバー。この深みのある香りは、「マザーアース」と表現されるほど、大きく温かく包み込むような包容力をもつ精油です。過度な仕事や勉強などが重なる時や、心身に限界を感じてしまうようなプレッシャーや圧迫感、燃え尽きてしまいそうな気持ちを抱えている時などに深く届く香りです。産婦人科に関わる不調和にも有効的に活用されてきた精油でもあり、ホルモンバランスの調整や、月経、更年期、肌のトラブルにも役立てられてきました。さらに、虫除けとしても重宝され、様々な日用品の香料としても活用され、重要な香水の原料として世界的にその確固たる地位を確立してきた精油でもあります。

学　　　　名	*Vetiveria zizanoides*		
科　　　　名	イネ科	抽　出　方　法	水蒸気蒸留法
抽　出　部　位	根部	ノ　ー　ト	ベース
主　な　産　地	インドネシア、インド、スリランカ、南米、アフリカ、コモロ諸島		
主　な　作　用	抗菌作用　　　鎮静作用　　　ホルモンバランス調整作用　　　虫除け作用		
主な化学成分	Vetiverol（アルコール類）3.4-13.7% ／ Vetiselinenol（アルコール類）1.3-7.8%　α-Vetivone（ケトン類）2.5-6.4%		
注　意　事　項	なし。		

ブレンドアドバイス 相性の良い精油

ベルガモット　オレンジスイート　ユーカリ　ペパーミント　ローズマリー
クローブ　レモンマートル　レモングラス　ティートリー　ローズ　ジャスミン

爽快感や深み、苦味がある精油を組み合わせ、よりフレッシュな軽やかさや落ち着きのある優しい香りに。加える配分は控えめにし、調整しましょう。

精油ガイド90 ベース ベティバー

155

パチュリ
Patchouli

しっかりと地に足をつける

心と体のバランスを保つようにサポートする

　苦味と鋭さの中に、優しく懐かしさを感じる、ドライな香りを放つパチュリ。安定感と落ち着きのある香りは、しっかりと地に足をつけるような感覚を与え、ネガティブなストレスや、感情的な心のバランスを整えるためのサポートをします。また、不安を感じる時や、激しく落ち込んだ時にもふと軽く肩を叩いてくれるような精油です。

　免疫の強化と健康維持に役立つほか、肌の保湿や再生、傷、炎症を和らげるケア、抗感染作用の働きとして感染予防としての活用が推奨されてきました。抗菌作用や殺虫作用にも優れ、菌の繁殖を抑えるためのハウスキーピングへの活用や、虫除けに使用への効果も期待できる精油です。

学　　　　名	Pogostemon cablin		
科　　　　名	シソ科	抽 出 方 法	水蒸気蒸留法
抽 出 部 位	葉	ノ ー ト	ベース
主 な 産 地	インドネシア、フィリピン、マレーシア、中国、ベトナム、インド、西アフリカ		
主 な 作 用	抗うつ作用　　抗炎症作用　　抗菌作用　　殺虫作用　　鎮静作用 デオドラント作用　　虫除け作用		
主な化学成分	Patchouli alcohol（アルコール類）17.5-32.3% α-Bulnesene（セスキテルペン類）8.7-20.7%／α-Guaiene（セスキテルペン類）8.8-15.3%		
注 意 事 項	なし。		

ブレンドアドバイス 相性の良い精油

✿オレンジスイート ✿ベルガモット ✿サイプレス ✿ゼラニウム ✿ペパーミント ✿カルダモン ✿ローレル ✿ローズ ✿ユーカリ ✿タイム ✿クラリセージ ✿イランイラン

甘さを強く放つ香りの土台活用がおすすめ。爽快さを感じる精油を少量加えれば、より落ち着きと変化を感じられるブレンドに仕上がります。

ベンゾイン

Benzoin

肌の再生や改善、予防にも活用

甘く魅惑的な香りは、ティンクチャーやスキンケアにも

　ベンゾインは、その甘く魅惑的な香りと共に、歴史的にもティンクチャーやスキンケアによく活用され、その有効性が認められてきた樹脂です。

　咳、喘息や気管支炎のケア、肌の再生や改善など予防的な目的でも幅広く活用されてきました。ベンゾインはもともと粘着性のある固体のため、アルコールなどに50%以上希釈しての活用が主となります。この際に香りや成分を調整する目的でバニラ香のあるバニリンや、安息香酸を加えられたものなども偽和物として存在しますので、純粋な精油を活用したい方は気をつけましょう。ベンゾインはスマトラ産のものが多く生産されています。香りとしてはSiam（シャム）産の方が評価されていますが、成分特性としては2つの間に大きな有意差はないことがわかっています。

学　　　名	*Styrax tonkinensis*（シャム産）／*Styrax benzoin*（スマトラ産）		
科　　　名	エゴノキ科	抽 出 方 法	水蒸気蒸留法
抽 出 部 位	樹脂	ノ ー ト	ベース
主 な 産 地	インドシナ半島、インドネシアスマトラ島など		
主 な 作 用	抗炎症作用　　　抗菌作用　　　収れん作用　　　消臭作用　　　鎮静作用		
主な化学成分	Benzyl benzoate（エステル類）38-50%／Benzyl alcohol（アルコール類）37-44%　Ethyl cinnamate（エステル類）0.8-1%など		
注 意 事 項	なし。		

ブレンドアドバイス 相性の良い精油

オレンジスイート　ジャスミングランディフローラム　ベルガモット　サンダルウッド
クラリセージ　ローレル　ユーカリ　フランキンセンス　ジュニパーベリー

ベンゾインは、深く芳醇な甘さと重さを持つ香りをゆっくりと放つ精油で、その素材の香りを壊さないように、他の精油は多種少量で加えることをおすすめします。

157

ミルラ
Myrrh

心身の土台づくりと
免疫強化

心を強壮し、気分をアップ。優れた殺菌・防腐作用も

ニュートラルで清らかな深い重みのある香りを徐々に放つミルラ。その活用の歴史は長く、古代エジプト時代には、その優れた防腐作用のためミイラ保存のために重要な役割を果たしました。

また、イエス・キリストが誕生した時に、「三賢者によって黄金とフランキンセンスと共にこのミルラが捧げられた」と聖書にも登場するなど、様々な儀式に活用されてきました。

何事にも無気力な時や、気持ちのアップダウンを感じる時、そして不安や恐怖を感じる時など、落ち着いて力強く自分を感じるための活力を与えてくれる香りで、その辛さや悲しみをゆっくりと和らげてくれます。

優れた殺菌作用や抗真菌作用もあり、歯周病や口腔内のトラブルに役立ちます。さらに抗ウイルス作用を期待できることから、風邪やインフルエンザなどの予防として活用されてきたほか、抗酸化作用としてアンチエイジング効果を期待した肌のケアや、赤み肌、また神経性の問題に関連した肌の痒みや湿疹などに活用することがおすすめの精油です。

ブレンドする際は、ミルラが持つシンプルさを失わないよう主張の強い特徴的な精油は避けるようにし、できるだけニュートラルな香りを持つものと組み合わせましょう。均等に少量ずつ加えながら調整すれば失敗しません。

広大に広がるミルラの木々。古代から重宝されている貴重な木々で、特定の地域でしか品質の良い状態で収穫できません。栽培しているように連なって収穫を行うわけではないため昔からその収穫は労力を必要とします。

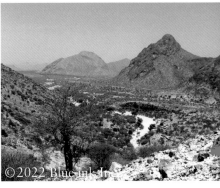

収穫後のミルラの樹脂の集まり。
他の樹脂に比べると色濃く褐色が
強い特性を保持しています。

学　　　名	*Commiphora molmol*		
科　　　名	カンラン科	抽 出 方 法	水蒸気蒸留法
抽 出 部 位	樹脂	ノ ー ト	ベース
主 な 産 地	南アフリカ、南アラビア		
主 な 作 用	去たん作用　　抗ウイルス作用　　抗菌作用　　抗酸化作用　　殺菌作用 収れん作用　　神経強壮作用　　防腐作用　　保湿作用		
主な化学成分	Furanoeudesma-1,3-diene(セスキテルペン類)34.0% Furanodiene(セスキテルペン類)19.7%／Lindestrene(セスキテルペン類)12.0% β-Elemene(セスキテルペン類)8.7%		
注 意 事 項	なし。		

ブレンドアドバイス
相性の良い精油

　フランキンセンス　　グレープフルーツ
　オレンジスイート　　ベルガモット　　ローレル
　ローズマリー　　サンダルウッド　　カルダモン
　タイム　　ユーカリ

ドライで深みのあるミルラの香りは、常にどこか私たちに懐かしさを与えてくれる香りを放ちます。ミルラを活用する場合には、この香り本来のシンプルさを失わないように、**ブレンドのバランスにおいては**特徴的な精油を加えることよりも、素材そのものがニュートラルで**香りを強く放ち過ぎない精油を選び**、均等に**バランス良く少量ずつ加えて調整する**ことをおすすめします。持続的にふとそこにある空気を演出するようなブレンドに最適です。

バニラ

Vanilla

スキンケアの原料としても活用

緊張と攻撃性を緩め、不安から解放してくれる甘い香り

　温かく優しいビターな甘さを保持し、誰もがそのとろけるような柔らかい香りに魅了されてしまうバニラ。実際に精油ではなく、バニラの子嚢から抽出された抽出物です。

　その香りはお菓子やアイス、飲料など、なくてはならない存在として私たちの生活を彩ってくれています。抗酸化作用があるため、お菓子や素材の保存に活用され、近年は防腐作用や抗酸化作用の働きを期待したスキンケアの原料としても活用されています。ゆっくりと香りが持続するバニラは、緊張と攻撃性を緩め、不安からの心身の解放と共に、バランスを整えていくための準備をサポートしてくれる大切な香りの1つです。

学　　　　名	Vanilla planifolia		
科　　　　名	ラン科	抽 出 方 法	アルコール抽出・二酸化炭素液化抽出法
抽 出 部 位	子嚢	ノ　ー　ト	ベース
主 な 産 地	マダガスカル、ベトナム、インドネシア、レユニオン、メキシコ		
主 な 作 用	抗うつ作用　　抗酸化作用　　高揚作用　　睡眠促進作用　　鎮静作用		
主な化学成分	Vanillin（ケトン類）80-85％／4-Hydroxybenzaldehyde（アルデヒド類）1-9％など		
注 意 事 項	なし。		

ブレンドアドバイス 相性の良い精油

🌸オレンジスイート　🌸パチュリ　🧴ベンゾイン　🌸サンダルウッド
🌸ジャスミンサンバック　🌸ベルガモット　🌰カカオ　☕コーヒー

甘さと苦さを同時に併せ持ち、芳醇な香りを放つバニラの精油は、その香りを壊さないためにも、甘さを引き立てることができるウッディな精油との組み合わせをおすすめします。

コーヒー

Coffee

気分転換と
集中力アップに

香ばしく濃厚で深みがあり、温かさと落ち着きを与えてくれる

　スモーキーで鋭い苦さと共に、奥深い温かさと甘さ、そして程よい刺激を感じるコーヒー。その香りは、香ばしく濃厚で深みがあり、落ち着きと心地よさを与えてくれる特性があります。エステル類を含み、ふと香りを感じた時に、安心するような高い鎮静作用と高揚感をもたらし、気分転換と共に今必要なことに意識を戻しながら集中力を高めるためのサポートをします。以前に比べて、アブソリュートの精油以外にも、二酸化炭素液化抽出法（CO₂）で抽出されたコーヒーの精油が多く販売されるようになってきました。また、コーヒーは浸出油もありますが、これは植物油であり精油とは別になるため、選定の際には気をつけてください。

学　　　　名	*Coffea arabica*		
科　　　　名	アカネ科	抽 出 方 法	溶剤抽出法・二酸化炭素液化抽出法
抽 出 部 位	豆	ノ　ー　ト	ベース
主 な 産 地	ブラジル、コスタリカ、メキシコ、ベトナム		
主 な 作 用	抗菌作用　　　抗真菌作用　　　鎮静作用		
主な化学成分	Methyl ester32%／9-Octadecanoic acid methyl ester18%／Methyl stearate11%など		
注 意 事 項	なし。		

ブレンドアドバイス 相性の良い精油

🍋 レモン　　🍊 オレンジスイート　　🌰 カカオ　　🌿 バニラ　　🌿 シナモンバーク

スモーキーで深みのあるコーヒーの香りは、日常生活の中でも私たちが食品として触れているものを中心として、バランス良くブレンドすることをおすすめします。

161

カカオ

Cacao

食べ過ぎ防止にも役立つ香り

甘く魅惑的な香りで、アンチエイジングの働きも期待

　鼻から抜ける時に感じるその甘さと苦さ、温かみのある重厚感、そして包容力と深みを感じる絶妙なバランスを保つカカオ。世界中の人の欲求を満たしてくれるような、神秘的で魅惑的な香りを保持します。特に心身の疲労感を感じている時に沁み渡る特別な濃厚な香りは、私たちに安心感と元気を与え、意識を自分の中心に戻してくれます。また、どうしてもチョコレートを欲することが多く、つい食べ過ぎて過剰になってしまう時の心身のコントロールとして、香りを嗅ぐことで満足感を感じることが可能となります。糖分を抑制できるような、このような感覚を与えることができるのは、純粋なカカオ精油ならではの働きと言えます。

学　　　　名	*Theobroma cacao*		
科　　　　名	アオギリ科	抽 出 方 法	溶剤抽出法
抽 出 部 位	豆	ノ ー ト	ベース
主 な 産 地	ガーナ、ペルー、コスタリカ、ブラジル、エクアドル		
主 な 作 用	抗菌作用　　　抗酸化作用　　　鎮静作用		
主な化学成分	Theobromine（テオブロミン）など		
注 意 事 項	なし。		

ブレンドアドバイス 相性の良い精油

🍊オレンジスイート　🍋レモン　🍈ライム　🌹ローズ　🌸ネロリ
🌿ローズマリー　🌿カルダモン　🌿シナモンバーク

深い甘さと芳醇な重さを同時に放つカカオの香りは、柑橘系の精油やスパイシーで甘さのある精油とのバランスが良く、落ち着きを与えてくれます。

ブッダウッド

Budda Wood

薬品成分として
解熱鎮痛薬など

芳醇で複雑な香りは、瞑想などにも活用されている

　程よい甘さとウイスキーのような芳醇さ、複雑さ、そして深さのバランスを感じるブッダウッド。歴史的に多くの人に愛され、瞑想などにも活用されている精油です。しかし残念ながら、あまり香り立ちがはっきりとしないという理由で、一般的にアロマセラピー市場で多くの人が手に取るように販売されている精油ではありません。

　その働きは、薬品成分としても解熱鎮痛薬として活用されています。多くの人々の心身の痛みや苦しみを解放しながら、その香りと共に深呼吸を促し、深く落ち着きを取り戻すためのサポートなど、多くの人に役立つ精油として、広がりを見せていく精油の1つです。

学　　　　名	Eremophila Mitchelli		
科　　　　名	ゴマノハグサ科	抽 出 方 法	水蒸気蒸留法
抽 出 部 位	心材	ノ ー ト	ベース
主 な 産 地	オーストラリア		
主 な 作 用	解熱作用　　抗炎症作用　　抗菌作用　　抗バクテリア作用　　鎮痛作用		
主な化学成分	Eremophilon（ケトン類）40-45％／Santalcamohor（ケトン類）15-18％など		
注 意 事 項	なし。		

ブレンドアドバイス 相性の良い精油

 レッドマンダリン オレンジスイート ローレル ネロリナ クロモジ カルダモン シナモンリーフ フェンネル ローズ ゼラニウム ラベンダー

ブッダウッドは、深くドライな香りを放ち、爽快な甘さをもつ柑橘系の精油と共に、芳醇な深みのある甘さを持つ精油を組み合わせると相性が良いです。

精油ガイド90

ベース

ブッダウッド

163

ブルー
サイプレス

Blue Cypress

やけどや炎症、痛みの緩和に

ウッディさとドライな爽快さを併せ持つ香り

　優しい爽快さと共に、深く柔らかいスモーキーウッドな香りを放つブルーサイプレス。精油は美しい青い色をし、ウッディさとドライさを併せ持つ独特な香りを保持します。ベースノートの中でも活用しやすい精油で、その働きとして薬効性が高く認められています。創傷や炎症のケア、痛みの緩和やアレルギー症状、肌荒れ、帯状疱疹など神経性の痛みを伴う状態に活用されてきました。また、この精油は精神疲労や緊張を伴う心的な状態に対して、感情面のバランスを整えるための香りとしても有効です。ただし、妊娠中・授乳中においてはこの精油の使用は禁忌となっていますので、使用の際には十分に注意しましょう。

学　　　　名	*Callitris intratropica*		
科　　　　名	ヒノキ科	抽 出 方 法	水蒸気蒸留法
抽 出 部 位	木部	ノ ー ト	ベース
主 な 産 地	オーストラリア		
主 な 作 用	抗炎症作用　　抗菌作用　　抗バクテリア作用　　免疫強壮作用		
主な化学成分	Guaiol(アルコール類)20-30%／β-Eudesmol(アルコール類)13-15%　γ-eudesmol(アルコール類)8-9%／α-Eudesmol(アルコール類)7-8%　Guaiazulene(テルペン類)6-7%／Chamazulene(テルペン類)5-6%など		
注 意 事 項	●妊娠中・授乳中は使用を控えてください。		

ブレンドアドバイス 相性の良い精油

❀ライム ❀グリーンマンダリン ❀ベルガモット ❀オレンジスイート ❀ゼラニウム
❀パルマローザ 🌿フラゴニア ❀ローズ ❀イランイラン 🌿ラベンサラ 🌿ユーカリ

ブルーサイプレスは、深みと甘い重厚感を感じる香りを放ち、優しい甘さと芳醇な香りを兼ね備えた精油との相性が良いです。

ヒバ
（ヒノキアスナロ）

Hiba

防虫や虫除けとしても有効的

日常の暮らしに寄り添う、深い甘さとドライな香り

　森に囲まれるように、温かさと心地よさと共に深い甘さとドライな香りを放つヒバ。歴史的に建材や家具などに活用されてきた日本の伝統の木の1つです。落ち着きのある香りは、呼吸を深くしながら心身の緊張を和らげ、心地よく安心できる空間をつくり出します。また、ヒノキよりも殺菌効果に優れ、単一成分のヒノキチオールを使用するよりもはるかに高い抗菌活性を示すことがわかっています。シロアリや虫、ダニなどの防虫や蚊などの虫除けとしての働きにも優れ、香りから得る爽快感と心地よさ、そして日常の生活の中で、年齢を問わず安全に活用できる精油として、多岐にわたる活用用途と共に暮らしに寄り添う精油です。

学　　　　名	*Thujopsis dolabrata var.hondai*		
科　　　　名	ヒノキ科	抽 出 方 法	水蒸気蒸留法
抽 出 部 位	木部	ノ ー ト	ベース
主 な 産 地	日本		
主 な 作 用	抗炎症作用　　抗感染作用　　抗菌作用　　抗真菌作用　　消臭作用 神経強壮作用　　虫除け作用		
主な化学成分	Thujopsene（セスキテルペン類）70％ ／ Cedrol（アルコール類）8-9％ β-Himachalene（セスキテルペン類）4-5％など		
注 意 事 項	なし。		

ブレンドアドバイス 相性の良い精油

 ラベンダー　 ラバンディン　 オレンジスイート　 レモンティートリー　パチュリ　ローズ
クロモジ　月桃　トドマツ　ユーカリ　イランイラン　マージョラム　タイム

ヒバは、安心感と優しさのあるウッディな香りを放ち、爽快感や甘さのあるフローラルな香りとの組み合わせで、バランス良いブレンドに仕上がります。

ヒノキ
Hinoki

筋肉痛や冷えなど
循環の促進に

日本では浴槽などに使用され、親しまれてきた香り

　森林から漂う透明感と奥深さのある厳かな空間をそのまま感じ取ることができるような、爽快でウッドグリーンな香りを放つヒノキ。馴染み深く親しまれ、厳かで安定感のある香りは、年齢を問わず安らかさを与えてくれます。

　日本では古くから建材としても有名な木で、浴槽や日用品などにも使用され、その香りが楽しまれています。落ち着きや心地よさ、そして安心感を与えると共に、睡眠や心のバランスを整え、深い呼吸へと導いてくれます。さらに、筋肉痛や冷えなど循環の促進のためのサポートや、滞りを改善し、巡りを回復させるために役立つ精油です。

学　　　　名	*Chamaecyparis obtuse*		
科　　　　名	ヒノキ科	抽 出 方 法	水蒸気蒸留法
抽 出 部 位	木部・葉	ノ　ー　ト	ベース
主 な 産 地	日本、台湾		
主 な 作 用	抗炎症作用　抗感染作用　抗菌作用　抗真菌作用　循環促進作用 鎮静作用		
主な化学成分	γ-Cadinene(セスキテルペン類)12-14%／δ-Cadinene(セスキテルペン類)10-12% α-Cadinol(アルコール類)20-21%／T-Muurolol(アルコール類)18-20%など		
注 意 事 項	なし。		

ブレンドアドバイス 相性の良い精油

⚜ライム ❄レモン ⚜グリーンマンダリン ❄ベルガモット ⚘スプルースブラック ⚘ユーカリ ⚘メイチャン ❄ネロリナ ❄ラベンダー ⚘パチュリ ⚜ローズ ⚘ローズマリー

ヒノキは、厳かでゆっくりと重厚感のある香りを放つ精油です。爽快感と明るさを与える柑橘系の甘さとハーブ調の優しい甘さが、よりヒノキの香りを引き立てます。

Chapter

3

植物油の基礎知識

アロマセラピーケアのなかでもマッサージに不可欠な植物油について、

知っておきたい知識を解説します。

精油と混ぜて使うので、その特徴や役割を知ることは大切です。

植物油ってなに?
• • •

アロマセラピーのなかでも、マッサージケアにおいて必要不可欠なオイルが植物油です。植物の種や実から抽出されたもので、豊富な栄養素を含んでいます。

豊富な栄養素を含み、肌への有用性も高いオイル

アロマセラピーケアやスキンケアの原料として不可欠なのが、植物油(ベジタブルオイル)。以前はマッサージケアにおいて、精油を混ぜて「運ぶ」という意味でキャリアオイル、ベースオイルの名称でも呼ばれてきましたが、近年では、それぞれの植物油の特性をより理解して活用する上で、ベジタブルオイルという呼び方が主流です。

豊富な栄養素を含み、生での摂取も含め、健康を維持する上での食品としても多く取り入れられています。油には、植物油、動物油、鉱物油など様々な種類がありますが、植物油は植物の種や実から抽出されたものです。

植物油の抽出方法

• • •

植物油は主に植物の実や種を圧搾して抽出されますが、同じ圧搾法でも低温と加熱では成分、そして価格に大きな違いが生じます。

植物油の圧搾法での抽出には大きく分けて2つ方法があります

方法1 生の実や種を液圧プレスで押しつぶし、油を絞り出します。
方法2 排出機と呼ばれる回転装置を使って、油を搾り出します。
また、圧搾時に加えられる温度によって、さらに2つの方法があります。

温度によっての分類

低温圧搾法	加熱圧搾法
植物が本来持つ性質を保ち、栄養を失わないように過剰な加熱を避けて抽出を行います。品質は高いのですが、抽出量が少ないために高価で取引されます。	熱を加えて圧搾するため、植物本来の性質が変化しやすく、劣化も早まります。抽出量は増えるために、低温圧搾に比べて安価で取引されます。

　また、このほかに「溶剤抽出法」という方法で工業的に抽出される植物油もありますが、アロマセラピーケアや、生で摂取する栄養素豊富な植物油は、溶剤抽出法で抽出された植物油は使用しません。

植物油に含まれる脂肪酸

● ● ●

植物油に含まれる成分を詳しく見ていきましょう。成分を知ることは、目的に合った植物油、質の良い植物油を選択する目安になり、アロマセラピーの効果アップにもつながります。

植物油に含まれる脂肪酸は大きく2つに分けられ
それぞれに特性があります

不 飽 和 脂 肪 酸

　常温では液体であり、植物油や魚油などに多く含まれています。健康維持や様々症状の予防に役立つことがわかっており、率先して摂取がすすめられています。体内で合成できるものとできないものがあり、熱によって壊れる成分もあります。そのため、有効活用には特性を考慮する必要があります。体に溜まりにくく、肌荒れや炎症、またアレルギー反応を抑制する働き、内臓機能の正常化や、ホルモンバランスを整えるためのサポートに役立ちます。

　　●主にリノール酸・オレイン酸・αリノレン酸・γリノレン酸
　　　　　　など

飽 和 脂 肪 酸

　常温では固体であり、主に動物性(牛・豚・鶏)の油に多く含まれています。体の中で固まりやすいという性質から、負担となる症状を引き起こすことがあります。洗浄目的の石けんや化粧品を目的とした用途に使われることが多くなります。

　　　●主にラウリン酸・パルミチン酸・ステアリン酸　など

脂肪酸の種類と特徴　*食用する場合は、かならず食品用油を利用してください。

不飽和脂肪酸

リノール酸

人は加齢とともに皮脂や水分が減退しますが、その皮脂量や水分量を保つように機能する成分。ただし、過剰に塗布し過ぎるとアレルギー反応が生じることもあるので注意が必要です。また、食用摂取に関しても、外食やスナック菓子の食べ過ぎはリノール酸の過剰摂取を招きますので、気をつけましょう。

多く含む油　●イブニングプリムローズ油　●グレープシード油
　　　　　　●サフラワー油　　　　　　　●サンフラワー油　など

α-リノレン酸

体に溜まりにくく、健康維持に大変役立つ成分。リノール酸とは違い、積極的に摂ることが大切です。肌の炎症を抑え、肌荒れ、敏感肌のほか、アレルギーが原因となる症状の改善に役立ちます。とくにアレルギー反応を抑制する働きが注目されています。

多く含む油　●オリーブ油　●サンフラワー油　●ローズヒップ油など

γ-リノレン酸

リノレン酸には「α（アルファ）」「β（ベータ）」「γ（ガンマ）」などがあり、これは発見された順番を意味します。γ-リノレン酸もα-リノレン酸同様、アレルギー反応の抑制を行うことで注目され、炎症やホルモンバランスによって生じる不調和にも良い働きをするとされています。

多く含む油　●イブニングプリムローズ油　　　●ボラージ油　など

オレイン酸

便秘など肌に関わる内臓機能の正常化に役立ちます。便秘が気になる際には、20mℓ前後を加熱せずに摂取すると良いとされています。

多く含む油　●オリーブ油　　　●グレープシード油　　　●サフラワー油
　　　　　　●サンフラワー油　●ローズヒップ油　など

171

パルミトレイン酸

美容への働きが有効であるとされている成分です。人間の皮脂には、およそ10%程度の脂肪酸が含まれていますが、それは加齢とともに減少する成分であるため、補給することでエイジングケアにも大変役立ちます。パルミトレイン酸は動物性の油にも含まれます。

多く含む油　●アボカド油　　●マカダミア油　など

飽 和 脂 肪 酸

ラウリン酸

ラウリン酸を多く含む油は酸化に強く、冷水でも汚れを落とすという特性があります。そのため、洗浄を目的とした用途に使われることが多くなります。

多く含む油　●ココナッツ油　　●パーム油　など

パルミチン酸

常温では固体で、融点が60℃前後です。このパルミチン酸を配合することによって泡立ちが良くなるため、石けんなどをつくる際に活用されます。ただし、敏感肌の方はトラブルになる可能性もあるため、配合率や使用方法には気をつけましょう。パルミチン酸は動物性の油にも含まれます。

多く含む油　●オリーブ油　●グレープシード油　●サフラワー油
　　　　　　●サンフラワー油　など

ステアリン酸

常温では固体で、融点は70℃前後です。石けんづくりなどにも多く活用され、化粧品などに使用すると酸化を防ぐ働きがあるとされています。食用で摂取するとカロリーも大変高く、動脈硬化などの原因にもなる可能性があるため、摂り過ぎには注意が必要です。

多く含む油　●アボカドバター　●カカオバター
　　　　　　●シアバター　　　●マンゴーバター　など

植物油のスキンケア効果

● ● ●

植物油を肌に塗布することで、私たちの肌には様々な良い効果がもたらされます。そのスキンケア効果は、低温圧搾法で抽出された質の良い植物油を使用することで、よりいっそう高まります。

加齢による水分不足・油分不足を補ってくれる植物油

　私たちの健康な肌は、毛穴から皮脂が十分に分泌されて表皮を覆い、その皮脂は水分の蒸発を防いだり、外からの刺激から肌を守る役割をしています。ですが、皮脂分泌は加齢と共に減り、水分と油分を保つ機能が衰えてしまいます。その機能を補うために有効なのが、質の良い植物油です。植物油は、化粧品の油分を構成する処方にも多く含まれていますが、使用している植物油の質によって、ローションやクリームの仕上がりが変化します。一般に購入できる植物油の質は様々です。肌に直接塗布するものなので、情報に頼るだけでなく、自分の肌に塗布しての選択をおすすめします。栄養素が豊富である未精製の生の植物油と、精製された植物油を自分の肌で実際に比べてみてください。その違いがわかるはずです。アロマセラピストを目指す人は精油と同様に、植物油にも選定眼を磨きましょう。香り、色、その成分を含めて自分の目や感覚で判断できるようになることが大切です。

Column 知っておきたいスキンケアに関する用語

　化粧品の働きや効果を説明する際によく使われる用語です。それぞれどのような意味を持っているのか、知っておきましょう。

● **UV**（Ultravioletの略、紫外線）の種類　　紫外線は波長によって下記の3種類に分けられます。
UV-A波　皮膚の内側にある真皮層に作用する紫外線。肌の潤いに不可欠なコラーゲン線維を破壊し、たるみやしわの原因となります。破壊されると回復できません。
UV-B波　皮膚の一番外側である表皮層に作用する紫外線。メラノサイトを活性化し、メラニン色素を生成することで、シミの原因となります。
UV-C波　オゾン層で守られている地球には到達しない紫外線。もし、届いた場合は生体に対する破壊力が最も強いものです。

● 紫外線防止指数の種類
SPF（Sun Protection Factorの略）　　UV-B波の防止効果を表す指標。
PA（Protection Grade of UVAの略）　　UV-A波の防止効果を表す指標。

植物油の保管方法

空気や日光、高温に触れると酸化が進み品質が低下するために、密閉性・遮光性の高い容器に入れ、12-25度で保管をしましょう。

植物油を使用する上での注意点

①虫などが付着しやすい性質を持っていますので、清潔に保管してください。

②残量が少なくなったら空気に触れる面積を小さくするために、小さい容器に移し替えて保管しましょう。

③破棄する際には、ペーパーなどに吸収させて燃えるゴミに出しましょう。

④嫌な匂いや購入時から変化を感じたら、使用期限内であっても処分してください。

⑤白濁や、凍ったりすることが生じる場合は、湯煎すると透明に戻ります。そうではなく白濁したり変色している場合には、品質を確認しましょう。

Chapter 4

植物油ガイド

25

精油と共に活用できる、有用性の認められる植物油を幅広くセレクトしました。
アロマセラピーケアやスキンケアの材料に使われるものです。

176	アプリコットカーネル油	190	セサミ油
177	アボカド油	191	ツバキ油
178	アルガン油	192	ヘーゼルナッツ油
179	イブニングプリムローズ油	193	ヘンプシード油
180	ウイートジャーム油	194	ホホバ油（ワックス）
181	ウオールナッツ油	195	ボラージ油
182	オリーブ油	196	マカダミア油
183	グレープシード油	197	ライスブラン油
184	ココナッツ油	198	ローズヒップ油
185	サフラワー油	199	カレンデュラ油
186	サンフラワー油		（浸出油）
187	シアバター	200	セントジョーンズウォート油
188	シーバックソーン油		（浸出油）
189	スウィートアーモンド油		

植物油はそのまま使用できるものと、ほかの植物油にブレンドして使用
したほうが良いものがあります。左記のマークがついている植物油は希
釈せずに使用可能。DATA内「使い方」でブレンドするように書いてあ
るものは、このマークがついた植物油とブレンドして使用してください。

アプリコットカーネル油

Apricot Kernel

杏の仁から抽出される植物油
オレイン酸が豊富で高い保湿効果

乾燥肌や赤みを帯びた肌、エイジングケアにおすすめ

杏（アンズ）の仁（種子から種皮を取り去った中身）から圧搾される油で、アプリコットとは杏、カーネルとは仁を意味します。

オレイン酸を豊富に含んでおり、保湿力が高く、乾燥肌のケアはもちろんのこと、エイジングケアや赤みを帯びた肌のお手入れにも適しています。

手触りは軽く、大変活用しやすい植物油です。ただ、香りが多少強いため、ほかの植物油と半々にブレンドして使用したほうが、マッサージなどは抵抗感なく使えます。

成分はスウィートアーモンド油と似ていますが、希少価値が高いため、アプリコットカーネル油のほうが価格はやや上がります。

学　　　　名	*Prunus armeniaca*	抽 出 部 位	種子
科　　　　名	バラ科	抽 出 方 法	圧搾法
主 な 産 地	スペイン		
多く含まれる脂肪酸	オレイン酸、リノール酸		
使 い 方	●印のついた植物油に50％程度ブレンドして使用しましょう。		

アボカド油

Avocado

栄養価が高い"森のバター" スキンケア全般に有効

肌の炎症や日焼けによるダメージを緩和し、免疫強化の働きも

　アボカドは「森のバター」と呼ばれるほど栄養価が高く、ビタミンB・E、β-カロテン、タンパク質、レシチンなど豊富な栄養素を含んでいます。中でもビタミンEはオリーブの約2倍あります。

　アボカド油は、粘度が高く手触りも重さがあるため、マッサージオイルにはほかの植物油に20〜30%ブレンドして使用したほうが使いやすいでしょう。エイジングケアに良く、免疫強化の働きもあることから、スキンケア全般に大変有効です。オレイン酸を豊富に含むため、保湿作用にも優れ、肌の炎症や日焼けによるダメージの緩和に役立つとされています。低温の状態で保管すると、わずかに濁る場合がありますが、これはアボカド油の特性なので気にする必要はなく、常温の状態では元に戻ります。

学　　　　名	Persea Americana	抽 出 部 位	果肉
科　　　　名	クスノキ科	抽 出 方 法	圧搾法
主 な 産 地	アメリカ、メキシコ、オーストラリア		
多く含まれる脂肪酸	オレイン酸、パルミトレイン酸、リノール酸		
使 い 方	●印のついた植物油に20〜30%程度ブレンドして使用しましょう。		

アルガン油

Argan

サハラ砂漠でしか育たない木
ビタミンEが非常に豊富

化粧品業界も注目する「自然の美容液」

アルガンは、モロッコ南西部のサハラ砂漠でしか育たない特殊な木。原産地であるモロッコでは、何世紀も前から食用および美容目的で活用されてきました。酸化に強く、ビタミンEを非常に多く含んでいるため、近年は化粧品業界からも注目が集まっています。

エイジングケアを目的とする製品にも数多く含有され、そのまま肌に塗布しても良いため、自然の美容液として人気があるオイルです。

また、オレイン酸を多く含み、優れた保湿力で肌を健康に保ってくれます。シングルでも十分に活用できる植物油ですが、非常に高価なため、ボディケアよりフェイシャルケアに用いたほうが良いかもしれません。

学　　　名	*Argania spinosa*	抽 出 部 位	種子
科　　　名	アカテツ科	抽 出 方 法	圧搾法
主 な 産 地	モロッコ		
多く含まれる脂肪酸	オレイン酸		
使 い 方	ブレンドせずに、そのまま使用できます。		

イブニングプリムローズ油

Evening Primrose

月見草から抽出
γ-リノレン酸を豊富に含有

スキンケアはもちろん、免疫系の強化促進もサポート

イブニングプリムローズとは、黄色でかわいい花を咲かせる月見草のこと。γ-リノレン酸を多く含み、メンタルケアのほかに、高血圧や動脈硬化などの予防に役立つとされています。γ-リノレン酸は、母乳にも多く含まれている成分です。

スキンケアに加え、免疫系の強化促進にも役立ちます。ただ、酸化しやすいため、空気に触れる時間をなるべく少なくするように心掛け、早めに使い切るようにしましょう。イブニングプリムローズの薬効は古くから知られており、北アメリカの先住民は、種子を傷の手当てに使ったとされています。豊富な効用があることから、植物油のほかにハーブティーでも飲まれ、カプセルなども販売されています。

学　　　　名	Oenothera biennis	抽 出 部 位	種子
科　　　　名	アカバナ科	抽 出 方 法	圧搾法
主 な 産 地	アメリカ、ヨーロッパ		
多く含まれる脂肪酸	リノール酸、γ-リノレン酸		
使 い 方	◆印のついた植物油に20～30%程度ブレンドして使用しましょう。		

ウイートジャーム油

Wheatgerm

ビタミンEを多く含有し、抗酸化作用が期待できる有用な植物油

乾燥肌や肌荒れ、肌の収斂や修復などに、その働きが期待

　肌への活用においては、ビタミンEを多く含有することから抗酸化作用を期待することができる有用な植物油として、スキンケア商品などにおいて幅広く活用されています。

　乾燥肌や肌荒れ、肌の収斂や修復などその働きが大変期待されている原料です。多少粘度が感じられ、肌の塗布後に少し肌に残るような感覚がありますが、オールスキンタイプに役立ち、マッサージケアにも有効的に使用できます。

　小麦胚芽油は、アレルギーがある方には注意が必要とされているので、慎重に活用することをおすすめします。

学　　　　名	*Triticum aestivum*	抽 出 部 位	胚芽
科　　　　名	イネ科	抽 出 方 法	圧搾法
主 な 産 地	西アジアなど		
多く含まれる脂肪酸	リノール酸、パルミチン酸、オレイン酸など		
使 い 方	●印のついた植物油に5〜20%程度ブレンドして使用しましょう。		

ウオールナッツ油

Walnut

脳細胞の活性化や老廃物を促す役割を期待される α-リノレン酸

オールスキン・タイプとしてマルチな役割を担う植物油

ウオールナッツは、歴史的に食用として大変活用度の高いナッツとして、その独特の風味が好まれてきました。

油の中に含まれるα-リノレン酸は、脳細胞の活性化や老廃物を促す役割を期待され、特に生食での摂取で微量に含まれるマグネシウムの働きなどもミネラル分として取り込まれます。

スキンケアにおいても、オールスキンタイプとしてマルチな役割を担う植物油として、ヘアケアやマッサージケアに活用がオススメできる油です。

学　　　　名	*Juglans regia*	抽 出 部 位	仁
科　　　　名	クルミ科	抽 出 方 法	圧搾法
主 な 産 地	イギリス、フランスなど		
多く含まれる脂肪酸	リノール酸、オレイン酸、リノレン酸など		
使 い 方	そのままでも使用できますが、●印のついた植物油に30%程度ブレンドして使用しましょう。		

181

オリーブ油

Olive

歴史も古く重宝されてきた植物油
食用から化粧品まで用途は様々

肌への保湿力と健やかな状態を保つために重要な役割をする

葉が固く、まるでブドウのように密集して実をつけるオリーブの木。

ほかの植物油は種子から抽出するものがほとんどですが、オリーブ油は実から抽出される植物油です。

同じオリーブの実から抽出される油でも、エクストラバージンオリーブ油、精製オリーブ油、オリーブ油と等級と用途が異なり、食用、薬品、化粧品、燃料と幅広く活用されています。

マッサージには、圧搾されたエクストラバージンオリーブ油を選ぶのがベスト。オリーブ油の主成分であるオレイン酸は、肌への保湿力と健やかな状態を保つために重要な役割をします。

学　　　　名	Olea europaea	抽 出 部 位	実
科　　　　名	モクセイ科	抽 出 方 法	圧搾法
主 な 産 地	スペイン、フランス、イタリア、日本		
多く含まれる脂肪酸	オレイン酸		
使 い 方	ブレンドせずに、そのまま使用できます。		

グレープシード油

Grapeseed

ビタミンEを多く含みアンチエイジングの働きを
期待できる原料として注目

感触も軽めで、使いやすく低アレルギー性の優しい植物油

　歴史的に、ワインの産地として有名な国々で生産されている植物油です。ブドウによってそれぞれの色などには違いがありますが、グレープシードは感触も軽めで、使いやすく低アレルギー性の優しい植物油です。

　また、ビタミンEを多く含みアンチエイジングの働きを期待できる原料として注目されています。さらにスキンケアにおいて収斂作用を期待することができ、オールスキンタイプに役立つ植物油ですが、特に乾燥肌の方へ活用がおすすめです。

　ヘアケアやカラーコスメの原料として大変有用に活用されている原料として有名な植物油です。

学　　　名	Vitis Vinifera	抽 出 部 位	種子
科　　　名	ブドウ科	抽 出 方 法	圧搾法
主 な 産 地	フランス、スペイン、チリ、イタリアなど		
多く含まれる脂肪酸	リノール酸、オレイン酸、パルミチン酸など		
使 い 方	そのままでも使用できますが、印のついた植物油に30％程度ブレンドして使用しましょう。		

ココナッツ油

Coconut

食用としても世界中で大人気
核果の中の胚乳から抽出

紫外線から肌を守る働きに優れ、スリランカでは子供も利用

　ココナッツ油は、ココナッツの種子にある核果（中心部に堅い種子を持つ果実）の中の胚乳から抽出されます。飽和脂肪酸が50％あり、動物油のような組成ですが、ココナッツ油に含まれるのは代謝されやすい中鎖脂肪酸。肝臓で速やかに燃焼され、脂肪として蓄積されにくいため、健康にも美容にも良い食用油として注目されています。

　また、紫外線から肌を守る働きがあるため、日差しが強くて暑いスリランカなどでは、古くからスキンケアやヘアケアに活用。大人同様、子供も肌に塗布して利用しています。ただし、ブレンドせずに100％で使用すると、やや刺激を感じることもあります。肌に使用する際は、ほかの植物油に30〜40％ブレンドしたほうが良いでしょう。

学　　　　名	cocos nucifera	抽 出 部 位	胚乳
科　　　　名	ヤシ科	抽 出 方 法	圧搾法
主 な 産 地	インドネシア、スリランカ、フィリピン		
多く含まれる脂肪酸	ラウリン酸		
使 い 方	◆印のついた植物油に30〜40％程度ブレンドして使用しましょう。		

サフラワー油 100%OK

Safflower

古くは染料に使われた紅花
初心者も使いやすく、価格も手頃

保湿に良いはか、冷えの解消や循環もサポート

　サフラワーは背の高いキク科の植物で、黄色とオレンジ色の鮮やかな花を咲かせる紅花のこと。近年は食用サラダ油としてのイメージが強く根づいています。成分の70％前後がリノール酸のため、摂り過ぎると健康に良くないとされてから、改良種が多く出回るようになりました。ビタミンEを多く含み、冷えの解消や循環のサポートにも良いとされています。肌への保湿力に優れ、比較的軽い感触。購入しやすい価格のため、シングルで活用するのはもちろん、香りが強かったり、粘性が高い植物油とブレンドする時にも重宝します。とても使いやすいので、植物油を初めて利用する方におすすめです。

学　　　　名	Carthamus tinctorius	抽 出 部 位	種子
科　　　　名	キク科	抽 出 方 法	圧搾法
主 な 産 地	東南アジア		
多く含まれる脂肪酸	オレイン酸、リノール酸、パルミチン酸		
使 い 方	ブレンドせずに、そのまま使用できます。		

185

サンフラワー油
Sunflower

大きな花をつけ力強く咲くひまわり
種の40%前後が脂質

ビタミンEを多く含み、スキンケア全般に活用可能

　サンフラワーとはひまわりのこと。種の40%前後が脂質のため油を豊富に含んでおり、大変産出量が多いのも特徴。そのためマーガリンやマヨネーズ、ドレッシングなど様々な食品に活用されています。手触りも軽い油で活用しやすく、特有の香ばしい香りがあり、ビタミンEを多く含むため酸化しづらい点も利点です。

　クレンジングからスキンケアまで幅広く活用できる植物油であり、サフラワー同様に価格も手頃です。こちらも植物油を初めて利用する方におすすめ。また、カレンデュラ油などの浸出油をつくる際に植物を浸ける油としてもよく利用されています。

学　　　　　名	Helianthus annuus	抽 出 部 位	種子
科　　　　　名	キク科	抽 出 方 法	圧搾法
主 な 産 地	アルゼンチン、フランス、ウクライナ		
多く含まれる脂肪酸	オレイン酸、リノール酸		
使 い 方	ブレンドせずに、そのまま使用できます。		

シアバター 100%OK

Shea Butter

保湿効果に優れたオレイン酸、洗浄に活用されるステアリン酸を含む

肌に優しく私たちを保護してくれるマルチバター

　歴史的に紫外線から肌を守る働きを期待されて、日差しの強いアフリカ地域ではスキンケアに活用されてきたシアバター。

　さらに保湿効果に優れたオレイン酸を含むだけでなく、石鹸などの洗浄に活用できるステアリン酸を含みます。

　肌の弱い方や敏感肌の方でも安心して活用できる原料で、かゆみや刺激がなくマッサージやスキンケアやヘアケア、バスケア全般に有効活用できる、「肌に優しく私たちを保護してくれる」マルチバターです。

学　　　名	*Butyrospermum Parkii*	抽 出 部 位	種子
科　　　名	アカテツ科	抽 出 方 法	圧搾法
主 な 産 地	西アフリカ（ガーナ、ナイジェリア）など		
多く含まれる脂肪酸	オレイン酸、ステアリン酸、リノール酸など		
使 い 方	ブレンドせずにそのまま使用でき、他の原料と加えても活用できます。		

シーバックソーン油

Sea Buckthorn

栄養価の高い実は健康食品にも利用
抗酸化作用の高い油として有名

エイジングケアや美白ケアにおすすめ

　小さいオレンジ色や赤色の実が途切れなく密集してなるシーバックソーン。油を含む大変珍しい果実で、圧搾したジュースの上澄みを植物油として活用します。

　シーバックソーン油はビタミンC、E、また不飽和脂肪酸を多く含み、抗酸化作用が高い植物油として知られています。そのため、エイジングケアや美白ケアを目的としたスキンケア製品の材料として重宝されているほか、ボディケア、ヘアケア製品まで、幅広い用途で活用。濃い色をしており、香りも個性的。手触りも重くてほかの植物油とは性質が大きく異なります。使用量は微量にとどめ、ほかの植物油に1〜5%ブレンドして使用するようにしましょう。

学　　　　　名	*Hippophae rhamnoides*	抽 出 部 位	実
科　　　　　名	グミ科	抽 出 方 法	圧搾法
主 な 産 地	中国、ロシア		
多く含まれる脂肪酸	パルミトレイン酸		
使 い 方	◆印のついた植物油に1〜5%程度ブレンドして使用しましょう。		

スウィートアーモンド油

Sweet Almond

私たちの健康を支えてきた実
幅広い年齢のケアに利用可能

ビタミンEを多く含み、炎症を和らげる働きも

　使いやすく、アロマセラピーマッサージや美容目的に使用されることの多いアーモンド油。栄養成分を豊富に含みますが、抽出方法によっては栄養成分の含有量が少なくなってしまい、品質が大きく異なります。多少高価にはなりますが、圧搾法での抽出であることを確認して購入することをおすすめです。

　高い保湿力があり、軽い手触り。ビタミンEを多く含んでいるため、炎症を和らげる働きがあります。健康な肌には浸透しにくいといったデータもありますが、比較的刺激が少なく、幅広い年齢のケアに利用できます。

学　　　　名	*Prunus dulcis*	抽 出 部 位	種子
科　　　　名	バラ科	抽 出 方 法	圧搾法
主 な 産 地	アメリカ		
多く含まれる脂肪酸	オレイン酸、リノール酸		
使 い 方	ブレンドせずに、そのまま使用できます。		

セサミ油

Sesame

クレオパトラも食したゴマ 高い抗酸化作用が魅力

50％以上の脂質で抽出量も豊富、肌の保湿力アップに

　私たち日本人の食生活の中でも身近な存在のゴマ。世界的に見ても人間がゴマを活用した歴史は古く、栄養価の高い油としてクレオパトラも食べたと言われています。

　ゴマ自体は、50％以上が脂質でできているため、たくさんの油が抽出できます。保湿力のあるオレイン酸のほかに、抗酸化力を高めるセサモールやセサモリン、肌の水分保湿を高めてくれるリノール酸を含むなど、大変有効な植物油です。

　粘性が高く多少ベタつきがあるため、ほかの植物油に30〜40％ブレンドして使用したほうが、マッサージオイルとしては使いやすいでしょう。

学　　　　　名	*Sesamum indicum*	抽 出 部 位	種子
科　　　　　名	ゴマ科	抽 出 方 法	圧搾法
主 な 産 地	中国、ミャンマー、エジプト、トルコ		
多く含まれる脂肪酸	オレイン酸、リノール酸		
使 い 方	◆印のついた植物油に30〜40％程度ブレンドして使用しましょう。		

ツバキ油

Tsubaki

オレイン酸を多く含み、
オールスキンケアタイプに活用できる植物油

ヘアケアとして頭皮と髪を美しく健康的に保つ働きが有名

　椿の種子を圧搾して抽出されるツバキ油は、歴史的に日本でも貴重な油として活用されてきた大変身近な油です。

　特徴としてオレイン酸を多く含み、ヘアケアとして頭皮と髪を美しく健康的に保つ働きと、スキンケアとしての高い保湿力を持ち、オールスキンケアタイプに活用できる有効的な植物油です。

　比較的酸化しにくく、他の植物油とブレンドした際にも、癖なくスムーズになめらかな感触とともに使用できます。

学　　　　　名	*Camellia Oleifera*	抽 出 部 位	種子
科　　　　　名	ツバキ科	抽 出 方 法	圧搾法
主 な 産 地	アジア、日本など		
多く含まれる脂肪酸	オレイン酸など		
使 い 方	そのままでも使用できますが、●印のついた植物油に30％程度ブレンドして使用しましょう。		

ヘーゼルナッツ油

Hazelnut

香ばしい香りが特徴
料理にもスキンケアにも活躍

肌を健康に保ち、保湿力アップにも高い有用性

　ヘーゼルナッツはドングリに似た落葉樹の種。手触りは少し重たさを感じますが、オレイン酸とビタミンEを多く含む、使い勝手の良い植物油です。保湿力を向上させて肌を健康に保ち、肌への浸透性も高いので、日焼け止めローションやクリーム、石けんなどの製品にも多く利用されています。また、含有する成分はスウィートアーモンド油と似ていますが、マッサージオイルやスキンケアに活用するうえでは、香ばしい香りが気になる場合が多いようです。そのため、ほかの植物油に20〜30％ブレンドしたほうが使用しやすいでしょう。もし気にならないようであれば、ブレンドせずに使用もできます。

学　　　　名	*Corylus avellana*	抽 出 部 位	種子
科　　　　名	カバノキ科	抽 出 方 法	圧搾法
主 な 産 地	フランス、トルコ		
多く含まれる脂肪酸	オレイン酸、リノール酸		
使 い 方	◆印のついた植物油に20〜30％程度ブレンドして使用しましょう。		

ヘンプシード油

Hempseed

α-リノレン酸や免疫維持の
サポートをするγ-リノレン酸などを含む

肌の乾燥や老化のケアにも役立つ植物油

　麻の種子から圧搾抽出されるヘンプシード油は、活用範囲が大変広く、生食用としてもおすすめですが、酸化しやすい油のため、できるだけ冷蔵庫や冷暗所で保管しましょう。

　また、肌の保湿力を保つリノール酸の含有率が高く、肌の活性を高めるα-リノレン酸や免疫維持のサポートをするγ-リノレン酸など、肌の乾燥や老化のケアとしてアンチエイジングケアにも役立つ植物油です。

　さらに炎症を抑えたり、アレルギーの抑制など、心身のバランスを整える上でも大変有効とされている油です。

学　　　名	*Cannabis Sativa*	抽 出 部 位	種子
科　　　名	クワ科	抽 出 方 法	圧搾法
主 な 産 地	西アジア、オーストラリア、カナダなど		
多く含まれる脂肪酸	オレイン酸、リノレン酸、リノール酸など		
使 い 方	そのままでも使用できますが、🌢印のついた植物油に30%程度ブレンドして使用しましょう。		

ホホバ油 ワックス

Jojoba

安定性が非常に高いワックス
あらゆる肌質のケアに利用

紫外線や雑菌に負けない肌づくりのサポートに

ホホバ油は、ホホバの種子から抽出されますが、その成分は正確には油ではなく、脂肪酸とアルコールが結びついたワックスエステルという液体のワックスです。手触りは軽く、300度以上の高温でも変質せず、安定性が高いのが特徴。ワックスの特性から保存期間が長いことも、使用する側にとっては大きな利点。肌の水分保持能力を高め、化粧品やマッサージオイルとしては最も使用されているものの1つです。角質ケアにも役立ち、紫外線や雑菌に対しても負けない肌づくりをサポートします。

また、皮脂分泌を健やかにする働きがあり、敏感肌や加齢肌などを含むオールスキンタイプに活用できます。

学　　　　名	Simmondsia chinensis	抽 出 部 位	種子
科　　　　名	シモンジア科	抽 出 方 法	圧搾法
主 な 産 地	アメリカ		
多く含まれる脂肪酸	オレイン酸		
使 い 方	ブレンドせずに、そのまま使用できます。		

ボラージ油

Borage

幸福をもたらす植物として知られ メンタルケアなどに活用

体調によって変化する肌荒れやアトピー性皮膚炎のケアに

　ボラージはγ-リノレン酸を多く含み、ホルモンバランスの乱れからくるうつ症状の改善などのメンタルケアや、月経のバランスを整えたい時などにも役立つとされています。それらの症状は、サプリメントなどで活用されます。

　スキンケアに良い働きとしては保湿力を向上させるほか、皮膚の免疫力とも深く関連しており、体調によって変化する肌荒れやアトピー性皮膚炎などのケアに大変有効。また、肌に柔軟性を与え、しわやたるみなどの改善にも役立つとされています。マッサージオイルに使用する際は、ほかの植物油に30〜40％ブレンドしたほうが使いやすいでしょう。

学　　　　名	*Borago officinalis*	抽 出 部 位	種子
科　　　　名	ムラサキ科	抽 出 方 法	圧搾法
主 な 産 地	ヨーロッパ（地中海地方）、中東地区		
多く含まれる脂肪酸	オレイン酸、γ-リノレン酸、パルミチン酸、リノール酸		
使 い 方	◆印のついた植物油に30〜40％程度ブレンドして使用しましょう。		

マカダミア油

Macadamia

パルミトレイン酸を豊富に含有
浸透性の高さで肌を滑らかに

マッサージにもスキンケアにも有効、保存期間も長くて便利

　マカダミアはオーストラリアを原産とする木で、濃い茶色の固い殻で被われたマカダミアナッツから油が抽出されます。皮膚を滑らかにする働きがあり、食用では加齢によって細く衰える脳の血管を強くするようにサポートします。料理に利用しても、成分が崩れにくいという特性があります。また、酸化しにくく長く保存できるのもマッサージオイルとしては大きな利点。手触りも軽くて扱いやすく、栄養価が高く皮膚への浸透性が高いことから、マッサージオイルとしてだけでなくスキンケアにも活躍。マッサージオイルに使用する際は、ほかの植物油に30％程度ブレンドしたほうが使いやすいでしょう。

学　　　　　名	*Macadamia ternifolia*	抽 出 部 位	種子
科　　　　　名	ヤマモガシ科	抽 出 方 法	圧搾法
主 な 産 地	オーストラリア、アメリカ		
多く含まれる脂肪酸	オレイン酸、パルミトレイン酸		
使 い 方	●印のついた植物油に30％程度ブレンドして使用しましょう。		

ライスブラン油

Rice Bran

米糠に含まれている油を抽出した、日本でも生産されている植物油

自律神経を整える働きが成分とし、健康的な油として重宝

　ライスブラン油（米油）は歴史的に日本でも国産で生産され、活用されてきた油の１つですが、近年は海外での生産も活発になっています。

　原料となる米糠に含まれている油を抽出します。酸化しにくく、食用としてコレステロールの吸収を抑える働きがあり、また他の植物油にはない自律神経を整える働きが成分として、健康的な油として重宝されています。

　スキンケアの活用の他に、米油の製造過程で発生するワックスが、キャンドルやインクなどにも使用され、その活用範囲は多岐にわたります。

学　　　　　名	Oryza Sativa	抽 出 部 位	米ぬか
科　　　　　名	イネ科	抽 出 方 法	圧搾法・溶剤抽出法
主 な 産 地	日本、中国など		
多く含まれる脂肪酸	オレイン酸、パルミチン酸、リノール酸など		
使 い 方	そのままでも使用できますが、◆印のついた植物油に30％程度ブレンドして使用しましょう。		

197

ローズヒップ油

Rosehip

チリやペルーで自生する植物 ビタミンCなど肌に良い成分が豊富

エイジングケアや炎症した肌のケア、美白作用にも期待

　ローズヒップはチリやペルーなどで自生するバラ科の植物です。種子から抽出される植物油も非常に利用価値が高く、化粧品の材料としても幅広く利用されています。

　α-リノレン酸とリノール酸を多く含み、皮脂組織の再生やトラブル肌に有効で、エイジングケアや炎症した肌のケアなどに活用。さらにビタミンCを多くむむために、美白作用としての働きも期待されています。手触りが少し重い感覚もあるため、ほかの植物油30％程度ブレンドして使用するのがおすすめ。また、酸化しやすいため、なるべく空気に触れないように注意し、早めに使い切るようにしましょう。

学　　　　名	*Rosa rubiginosa*	抽 出 部 位	種子
科　　　　名	バラ科	抽 出 方 法	圧搾法
主 な 産 地	チリ、ペルー		
多く含まれる脂肪酸	α-リノレン酸、オレイン酸、リノール酸		
使 い 方	◆印のついた植物油に30％程度ブレンドして使用しましょう。		

カレンデュラ油 浸出油

Calendula

自然療法に多く用いられる花を
植物油に浸けた浸出油

肌の炎症やトラブルが起こった時のケアに有効

　カレンデュラの花はハーブティーなどでも飲まれ、月経痛や月経不順、更年期など女性特有の症状に役立つとされています。カレンデュラ油は浸出油（マセレイテッドオイル）という種類で、植物から直接圧搾するのではなく、オリーブ油やサンフラワー油にカレンデュラの花を3週間程度漬け込み、日に当てながらその成分を浸出させ、それを濾過して完成させます。β-カロテンなどが多く含まれており、肌の炎症やトラブルが起きた時のケアにとても有効。収れん作用があり、エイジングケアとしての効果が期待できる油です。マッサージオイルには、ほかの植物油に10～30％ブレンドして使用しましょう。

学　　　名	*Calendula officinalis*	抽 出 部 位	花
科　　　名	キク科	抽 出 方 法	植物油にカレンデュラの花を浸けて、成分を浸出させます。
主 な 産 地	アメリカ、フランス		
多く含まれる脂肪酸	使用する植物油によって異なります。		
使 い 方	●印のついた植物油に10～30％程度ブレンドして使用しましょう。		

セントジョーンズウォート油 浸出油

St. John's Wort

抗バクテリア作用や炎症、また痛みを抑制する植物から採れる油

痛みを抑制する植物として歴史的にその効用が高く評価

　手で花びらを捻ると、あっという間にワインレッドの妖艶な色を出すセントジョーンズウォートは、見た目は鮮やかな黄色の色で艶やかな植物です。フランス地域ではよく目にすることができる芳香植物で、抗バクテリア作用や炎症、また痛みを抑制する植物として歴史的にその効用が高く評価されてきました。また、肌をなめらかに修復する働きが期待され、クリームなどのスキンケアへの活用や、リップバームの原料として活用されています。

学　　　　名	*Hypericum perforatum*	抽 出 部 位	花と葉
科　　　　名	オトギリソウ科	抽 出 方 法	植物油にセントジョーンズウォートを浸して成分を浸出させます。
主 な 産 地	フランス、イギリスなど		
多く含まれる脂肪酸	浸す植物油によって異なります。		
使 い 方	● 印のついた植物油に5〜20%程度ブレンドして使用しましょう。		

Chapter

5

精油のブレンディング

なぜ精油をブレンドするのか、どう組み合わせればバランスが整うのか、

実際にどうブレンドするのか、

精油のブレンディングについて詳しく解説します。

精油をブレンドするということ

・・・

なにより大切なことは、自分の感覚や感性を優先すること。そこから初めてオリジナルの香りが生まれます。

素材をバランスよく楽しみながら取り入れる

精油のブレンドは、調理にとてもよく似ています。より素材をバランスよく取り入れて料理を美味しく仕上げるように、香りもその素材をバランスよく楽しみながら心身のケアへ取り入れることが大きな目的です。それが、「呼吸と自律神経のバランス」のためのケアにもつながります。感覚的に「心地よさ」を感じないものは、どんなに化学的知識で整えても、継続した活用には無理が生じてきます。

ブレンドの醍醐味は、単品にはない幅広い香りの創造

柑橘類を例にとってみると、オレンジ・レモン・グレープフルーツのような同じ植物の種類や同じ化学成分特性を持つ精油ばかり選んでブレンドした場合、どうでしょう。料理で置き換えて考えると、じゃがいも・里芋・さつまいもが煮物として小皿に出てくるイメージと同じです。料理で置き換えると、バランスが悪いとすぐに感じられるはずです。

とはいえ、感覚で捉えて

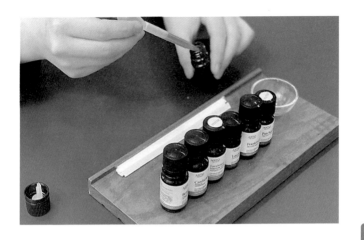

いるもの同士を、バランスよく整え、完成させることは容易ではありません。バランスが整わないと、イメージした香りに仕上がらないだけでなく、特徴のない香りの集まりになってしまうことも。ブレンドの醍醐味は、単品にはない幅広い香りの創造です。料理と同様で、組み合わせには、バランスを整えるセンスと技術を養う必要があります。

ブレンドには正解も間違いも存在しません

　ブレンディングは精油の素材である単品をまず知ることが大切です。そこから素材を五感で楽しむようにして挑戦すれば、よりバランスよく仕上げることができます。

　まずは基本となる精油のバランスの嗅ぎ分けや、精油の特性を学んで、感覚を養うことから始めましょう。レッスンしていくうちに、奥行きのあるオリジナルの香りの完成へとつなげていくことができます。そして、そこには「正解も間違いも存在しない」幅広い感覚に触れる香りの世界が待っています。

　香りの好みや感じ方は千差万別で、その人それぞれの個性や嗜好性が強く出るものです。本能的感覚を無視し、情報や人の香りの好みに同調しすぎると、逆の働きをしてしまう可能性もあります。「香りは個々で違う」が正解なのです。

精油の化学成分の基礎知識

● ● ●

精油は多くの化学成分によって構成され、含まれている化学成分の違いは、精油の大きな特徴です。その化学成分を学ぶことが、目的に合ったブレンドを完成させる近道に。

精油の化学成分を知ることは食材の栄養素を知ることと同じ

16ページで述べたように、精油は天然の植物から得られたもので、植物の生育状況や抽出される精油にも、毎年多少の違いがあります。精油には多くの化学成分が含まれています。それらの化学成分は植物が生存・栄養保持・生命維持するために、重要な役割を果たしています。

精油に含まれる化学成分は、100%解明されているわけではありません。アロマセラピーのプロフェッショナルは、現在解明されている化学成分の範囲内を十分に学び、理解しながら、それぞれの精油の働きを判断しています。そして、それを活用することで、補完療法としての様々な結果を見出しています。もちろん、精油の特性として化学成分について知ることは、より深く精油を知ることにつながり、より目的に合った精油の選択、そしてブレンドの成功につながります。精油の化学成分を理解することは、料理に例えるなら、使用する食材の栄養素を理解することと同じです。それぞれの精油に含まれる化学成分を学ぶことは、精油を目的別に選ぶ時の大切な要素と言えます。

右に示した8つの化学成分の分類を確認できるようになれば、基礎的な精油の選択が可能となります。Chapter2の精油ガイドにも、どのような成分が含まれているかを記載していますので、206～207ページの表と合わせてブレンドする時の参考にしてください。

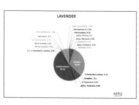

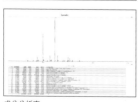

成分分析表

8つの化学成分と含まれる精油

テルペン類
(TERPENES Group)

↓テルペン類は下記の2つに分類されます。

モノテルペン
(MONO TERPENES)

オレンジスイート　グレープフルーツ　レモン

セスキテルペン
(SESQUI TERPENES)

ジャーマンカモミール　サンダルウッド

アルコール類
(ALCOHOL Group)

↓アルコール類は下記の3つに分類されます。

モノテルペノール
(MONO TERPENOLS)

セスキテルペノール
(SESQUI TERPENOLS)

ゼラニウム　パルマローザ　ラベンダー

ジテルペノール
(DI TERPENOLS)

ケトン類
(KETONS Group)

ジャスミン　グレープフルーツ　スペアミント

アルデヒド類
(ALDEHYDES Group)

シトロネラ　バニラ　レモングラス

フェノール類
(PHENOLS Group)

クローブ　シナモンリーフ　タイムティモール

エステル類
(ESTERS Group)

イランイラン　クラリセージ　ネロリ

オキサイド類
(OXIDES Group)

ローズマリー　ペパーミント　ユーカリ

ラクトン・クマリン類
(LACTONES and CUMARINS Group)

ベルガモット

※次ページで特徴などを詳しく
説明しています。

分　類		主な成分名
テルペン類 (TERPENES Group)	モノテルペン (MONO TERPENES)	●アルファピネン（α-Pinene） ●ベータピネン（β-Pinene） ●リモネン（Limonene） ●ミルセン（Myrcene）
	セスキテルペン (SESQUI TERPENES)	●ベルガモテン（Bergamotene） ●カリオフィレン（Caryophyllene） ●カマズレン（Chamazulene） ●サンタレン（Santalene）
アルコール類 (ALCOHOL Group)	モノ テルペノール (MONO TERPENOLS)	●シトロネロール（Citronellol） ●ゲラニオール（Geraniol） ●メンソール（Menthol）
	セスキ テルペノール (SESQUI TERPENOLS)	●ビサボロール（Bisabolol） ●セドロール（Cedrol） ●ファルネソール（Farnesol）
	ジテルペノール (DI TERPENOLS)	●マノール（Manool） ●スクラレオール（Sclareol）
ケトン類 (KETONS Group)		●カンファー（Camphor） ●カルボン（Carvone） ●クリプトン（Cryptone） ●フェンコン（Fenchone） ●ツヨン（Thujone）
アルデヒド類 (ALDEHYDES Group)		●シトラール（Citral） ●シトロネラール（Citronellal） ●ゲラニアール（Geranial） ●ネラール（Neral）
フェノール類 (PHENOLS Group)		●カルバクロール（Carvacrol） ●オイゲノール（Eugenol） ●ティモール（Thymol）
エステル類 (ESTERS Group)		●酢酸ボルニル（Bornyl acetate） ●酢酸シトロネリル（Citronellyl acetate） ●イソアミルアンゲリカ（Isoamyl angelate） ●酢酸リナリル（Linalyl acetate）
オキサイド類 (OXIDES Group)		●1,8シネオール（1,8 Cineole） ●リナロールオキサイド（Linalol oxide） ●スクラレオールオキサイド（Sclareol oxide）
ラクトン・クマリン類 (LACTONES and CUMARINS Group)		●ベルガモチン（Bergamottin） ●ベルガプテン（Bergapten） ●ソラレン（Psoralen）

主な特徴	この成分を含む 主な精油
●揮発性が高い特性を持つ。 ●香りは比較的弱くフレッシュ感がある。 ●酸化しやすい。 ●皮膚への浸透が高く、皮膚や粘膜に刺激を生じさせる。 ●うっ滞除去に有効。	●オレンジスイート ●グレープフルーツ ●マンダリン ●ライム ●レモン
●モノテルペンほど揮発性は高くない。 ●モノテルペンよりも粘性が高い。 ●空気中の酸素と反応しやすい。 ●皮膚や粘膜への刺激があるが、モノテルペンほど強くない。	●ジャーマンカモミール ●サンダルウッド
●酸化しやすい。 ●柔らかい香りを保持する。 ●抗菌作用、抗アレルギー作用、抗炎症作用、 　殺菌作用、免疫強壮作用がある。 ●気分を高揚させる働きがある。 ●多量使用にて血圧降下作用がある。	●イランイラン ●ゼラニウム ●ネロリ ●バジル ●パルマローザ ●ラベンダー ●ローマンカモミール
●成分によって刺激が強いため、使用に注意する。 ●一部のケトン類は、てんかんを持つ人の使用に注意する。 ●成分中のカンファー、ツヨンなどは毒性が懸念されるため、 　使用前に書物や使用方法に注意する。 ●少量で使用すると鎮静作用がある。	●グレープフルーツ ●ジャスミン ●フェンネル ●ペパーミント ●ローズマリーカンファー ●ローズマリーバルベノン
●揮発性はアルコールと同様のレベル。 ●酸化しやすい。 ●原液での多量使用は、皮膚や粘膜への刺激がある。 ●虫除け作用がある。 ●血圧降下作用、抗炎症作用、鎮静作用がある。	●シトロネラ ●バニラ ●ユーカリプタス シトリアドラ ●レモングラス ●レモンマートル
●揮発しにくい。 ●皮膚および粘膜へ最も刺激ある成分である。 ●長期間での使用は避け、低い希釈濃度で使用すること。 ●強力な抗菌作用、強壮作用、殺菌作用がある。 ●少量使用において、免疫強壮作用がある。	●クローブ ●シナモンリーフ ●タイムティモール ●フェンネル
●少量でも強くフルーティーで甘い香りを感じる。 ●殺菌作用を持つ。 ●鎮静作用があり、緊張などを解きほぐす。 ●多量使用にて血圧降下作用がある。	●イランイラン ●クラリセージ ●ネロリ ●ベルガモット ●ラベンダー
●揮発性が高く、爽快感のある強い香りを保持する。 ●多量使用すると皮膚刺激になる場合がある。 ●強力な去たん作用、免疫強壮作用、循環促進作用がある。	●ティートリー　●ペパーミント ●ユーカリ ●ローズマリーシネオール ●ローレル
●クマリンは光毒性の原因物質であるため、 　皮膚に塗布して紫外線を浴びると皮膚刺激を起こす。 ●鎮静作用、抗カタル作用がある。	●ベルガモット　など

ブレンディングを実践しましょう

● ● ●

お気に入りの香りの精油が揃ったら、実際に精油をブレンドしてみましょう。基本のプロセスは下記の通りです。例をあげて説明していますので、参考にしながら流れをつかみましょう。

1 ブレンディングの目的を決める

例えば「鼻づまり」と「不眠」、「疲労感」と「PMS（月経前症候群）」など、改善したい点を、まず2つあげてみましょう。それがブレンディングの目的です。

アロマセラピーをはじめとする自然療法で必要なのは、自身の心身と向き合い、その状態を認識すること。そこから、改善の一歩が始まります。また、ブレンディングの有用性は異なる2つの目的をブレンドオイル1本でカバーできること。さらには精油の個性が相乗効果を発揮し、より好みの香りをつくることができます。

例：目的を　　疲労感　　と　　PMS（月経前症候群）　　に決めます。

2 目的に合う精油はなにか調べる

Chapter8の「悩み別 精油のブレンドレシピ」に1で決めた目的と同じ項目があれば、そこで紹介しているおすすめの精油、あるいはChapter2の精油ガイドを読んで、目的に合う精油がなにかを調べます。

疲労感 におすすめの精油		PMS（月経前症候群）におすすめの精油	
●イランイラン	●ペティグレン	●イランイラン	●ベティバー
●オレンジスイート	●ベルガモット	●オレンジスイート	●ベルガモット
●グレープフルーツ	●マージョラム	●カルダモン	●マージョラム
●シダーウッド	●ユーカリプタスラディアータ	●クラリセージ	●ユーカリプタスラディアータ
●ジャスミン	●ラベンダー（真正）	●ゼラニウム	●ローズ
●ゼラニウム	●レモン	●ネロリ	●ローマンカモミール
●ネロリナ		●フランキンセンス	
●パチュリ			

3　ブレンディングの軸となる香りを決める

　2で調べた精油を並べ、香りを嗅いで、好きな香り、心地よいと思う香りを選びます。1つの目的に対し、それぞれ1本の精油を選びましょう。それをブレンディングの軸とします。

疲労感 におすすめの精油からは　　　PMS（月経前症候群）におすすめの精油からは

ベルガモット　　　　　**イランイラン**

4　軸となる香りのノートを調べる

　3で選んだ精油のノートはなにか、12～13ページのノート一覧表を見て確認します。ブレンディングの軸となる2本の精油のノートが違っていたほうがブレンドのバランスをとりやすいため、もし2本が同じノートであれば、3に戻って可能な範囲で精油を入れ替えましょう。

ベルガモットは「トップ」ノート、イランイランは「ミドル・ベース」ノートです。

ベルガモット	トップ	トップ・ミドル	ミドル	ミドル・ベース	ベース
＋					
イランイラン	トップ	トップ・ミドル	ミドル	ミドル・ベース	ベース

→次ページに続く　209

5 足りないノートの精油を選ぶ

　ブレンドの軸となる2本の精油のノートがわかったら、33ページの表を参考に足りないノートがなにかを確認します。次に、12～13ページのノート一覧表を参考に、トップからベースまで精油がバランス良く揃うように選びます。ブレンドに使用する精油は3～5種類程度が目安ですが、慣れてきたら、さらに増やしてもかまいません。目的のための精油は*2*ですでに選んでいるため、ここでは作用や働きはあまり考えず、自分の感性を第一に自由な発想で精油を選びましょう。

「トップ・ミドル」ノートが足りないので、**ユーカリプタス**を足します。さらに深く優しい印象の香りに仕上げるために「ミドル」ノートの**ゼラニウム**、「ベース」ノートの**サンダルウッド**を足します。

ベルガモット	ユーカリプタス	ゼラニウム	イランイラン	サンダルウッド
トップ	トップ・ミドル	ミドル	ミドル・ベース	ベース

6 足りないノートの精油を選ぶ

　*5*で選んだ精油をそれぞれ試香紙に1滴ずつ垂らし、香りを嗅ぎます。この時、トップノートを一番高く、ベースノートを一番低く持つのがポイントです。好みの香りでなければ、*5*に戻って精油を入れ替えましょう。

7 レシピを書いてみる

好みの香りになったら、33ページの表を参考に各ノートの割合を
計算し、精油の滴数を決めます。まずは、10滴でバランスをとるよ
うに計算してみましょう。精油は滴数を多く
したからといって、か
ならずしもその働きが
強くなるわけではあり
ません。香りのバラン
スを大切にしましょう。

ノート	割合の目安	精油名	滴数
トップノート	20~60%	ベルガモット	4滴
トップ・ミドルノート	10~20%	ユーカリプタス	1滴
ミドルノート	10~30%	ゼラニウム	2滴
ミドル・ベースノート	10~20%	イランイラン	1滴
ベースノート	5~20%	サンダルウッド	2滴

↓

8 ビーカーに精油を入れる

ベースノートの精油を
一番先に、次いでミド
ル・ベース、ミドル、トッ
プ・ミドル、トップの順
に、7で決めた滴数を
ビーカーに入れます。

↓

9 香りを確認する

ブレンドした精油を試香紙につけて、
香りを確認します。

◯ イメージ通りの 香りだった場合	✕ イメージとは違う 香りだった場合
これでブレンドは完成です。	7に戻り、滴数を調整しましょう。

ある精油の香りが強かったからといって、その香りを消すためにほ
かの精油の滴数を増やしても、バランスをとることはできません。ブ
レンディングは「香りを消す」目的で行うものではなく、「相乗の働
き」を期待して行います。

→次ページに続く

10 遮光瓶に移す

ブレンドが完成したら、ブレンドした精油をスポイトで遮光瓶に移します。20滴必要なら**7**で出したレシピの2倍、30滴必要なら3倍に。精油は日光に当たると酸化が早まるため、かならず遮光瓶で保管します。

11 ラベルを貼る

ブレンドの目的、使用した精油名などをラベルに書いて貼ります。ブレンドした精油はシングルの精油と同様、芳香浴やアロマバス、アロマセラピーマッサージなど幅広く活用できます。

パフューマー（調香師）とアロマセラピストの違い

パフューマーは植物性、動物性両方の天然香料、そして合成香料も含めて香りを創造するのが仕事。それに対し、植物性の天然香料である精油のみを使うのがアロマセラピストです。さらに、コンサルテーションして相手の心身の状態や目的を探りながらブレンドするのもアロマセラピスト独自の仕事です。調香師は食品やガスへ添加する香りなど、より専門的な用途のために香りを合成することもできる香りの総合的な専門家の方たちを指します。

Chapter

6

アロマセラピーの
基礎知識

精油を理解して活用する上で知っておきたい、

アロマセラピーについて解説します。

より香りへの興味を深める知識を養いましょう。

アロマセラピーの歴史

● ● ●

人間は、紀元前の昔から芳香植物を生活の中で役立ててきました。それほど古くから、芳香植物の持つ様々な効能を人間は知っていたということ。その関係性はとても奥深いものです。

古代エジプト時代は神への祈りに薫香を利用

　私たちがアロマセラピーの歴史を学ぶには、古代エジプト時代までさかのぼる必要があります。古代エジプトでは神に祈りを捧げるために薫香を用いていたとされ、私たちが香水を指す「Perfume（パフューム）」という言葉は、「〜を通して」という意味の「per（ペル）」と、「煙」という意味の「fumum（フムム）」を合わせたもので、「煙を通して」といった意味があります。この語源のように、「香り」と言う言葉からは焚いて煙を立たせ、天に昇る煙とともに神に祈りを捧げる画がイメージできます。私自身も、テントに人が横たわり、香りを感じながら瞑想を行っていたことを歴史のプログラムで学びましたし、この光景を実際に目にしたこともあります。

抗菌作用や抗酸化作用のあるミルラを使ってミイラづくり

　古代エジプトでは、死者は3000年かけて空気や大地などを通り、また元の体に魂が戻ってくると考えられていたため、死後の体を大切に保

フランキンセンス

ミルラ

聖書による言い伝えでは、キリストが誕生した際に、東方の三賢者がフランキンセンス（乳香）、ミルラ（没薬）、黄金を捧げたとされています。どれも当時は大変高価なものでした。

ジンジャー　　　　　　　シナモン

ジンジャーやシナモンなど
は料理用のスパイスとして
も世界中で利用される植物。
これらは東西の間の重要な
交易品として、時には高値で
取り引きされていました。

存していたとされています。それがミイラです。その際に、まず内臓を
取り出して芳香植物を詰め、さらにミルラなどを包帯に浸して体に巻い
ていたという記録があります。ミルラは現在でも、抗菌作用や抗酸化作
用が高い精油として活用されています。

　なぜ、当時の人々がこういった芳香植物の機能性や活用方法を知り得
たのかは、今なお大きな謎に包まれています。それは、現在に続く歴史
の知恵の1つであり、植物の恩恵は、私たちが暮らしている自然界に古
くから存在していたことを示してくれるものでもあります。

　また、当時はキフィ（Kiphi）と呼ばれる芳香植物やハチミツ、ワインな
どが調合されたものが活用されており、それを現代に再現し、当時の香
りを感じるといったイベントなどもあります。このように、「アロマセラ
ピーの歴史」といった枠組みからさらに進み、「植物と人間の歴史」とい
う観点で視ると、私たちの祖先がどのように生活や医療などに植物や精
油を活用してきたのかがひも解かれ、アロマセラピーに対する理解がさ
らに深まります。

ラベンダーの精油を使ってやけどを治療

　アロマセラピーとは、精油を意識
的かつ目的を持って活用する芳香療
法のことです。この言葉を生んだの
は、フランス人化学者のルネ・モー
リス・ガットフォセです。彼は化学
の実験中にやけどを負い、その治療
にラベンダーの精油を役立てました。

その自らの経験から精油の薬理効果を発見し、研究を重ね、1937年に「Aromatherapie」という著書を発表。それを機に、アロマセラピーという言葉が誕生しました。

また、精油の薬理効果を広めるにあたり、重要な役割を果たしたのが、フランス人軍医のジャン・バルネです。1942年、第二次世界大戦に従軍した彼は、精油を負傷者たちの治療に用いました。そして、同業の医師や薬剤師にアロマセラピーの啓蒙を行い、その効果を広めることに大きく貢献しました。

ホリスティック・アロマセラピーを確立したマルグリット・モーリー

精油を美容や心身の健康に役立てる、現代の「ホリスティック・アロマセラピー」を確立させたのが、1960年代に活躍したマルグリット・モーリーというオーストリア人女性。彼女の考えは『Le capital' Jeunesse'（最も大切なもの……若さ）』という著書とともに英国内外に大きく広がりました。また、近年のアロマセラピーブームのきっかけとなったロバート・ティスランドの著書『The Art of Aromatherapy』は、世界で最も多く読まれているアロマセラピーの書籍の1つです。そして今日では、多くの日本人が国内外でアロマセラピーを学び、活躍しています。

アロマセラピー先進国とも言える英国には、著名なスクールも多数。私もロンドンにある「Institute of Traditional Herbal Medicine and Aromatherapy」で多くを学びました。

香りの心身への働きとメカニズム

• • •

精油の香りを活用して、私たちの心身を整えるアロマセラピー。重要な働きをする嗅覚(鼻)、呼吸、皮膚吸収についてのメカニズムについて解説します。

嗅覚 (鼻) からの働き

　嗅覚、呼吸、皮膚吸収の中で、もっとも速度が速いのが嗅覚からの働きです。あらゆる香り(芳香分子)は、私たちの鼻から取り込まれ、嗅細胞の嗅覚受容器によって嗅球へと伝わって、ダイレクトに人間の喜怒哀楽とつながります。心地よい感覚や不快な感覚、興奮や落ち着きをつくり出す大脳辺縁系(主に扁桃体や海馬)や自律神経、ホルモンバランスを管理する視床下部(下垂体)に電気信号として伝わることがわかっています。

　鼻にある嗅上皮という粘膜で覆われている部分が、香りや匂いに関わっている大切な場所であり、そこには嗅神経細胞という神経細胞と嗅繊毛があります。

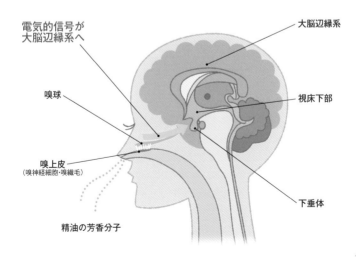

電気的信号が
大脳辺縁系へ

大脳辺縁系

嗅球

視床下部

嗅上皮
(嗅神経細胞・嗅繊毛)

下垂体

精油の芳香分子

その毛の表面には、「嗅覚受容体」と呼ばれる匂いを受け取るためのセンサーがあり、ここでボタンがはまるように、パチっと香りがキャッチされる仕組みになっています。

このようにボタンがはまった後に、嗅球で電気信号に変わって脳へと伝達され、記憶や感情、ホルモンバランスや自律神経への大切な司令塔である視床下部にも伝わることで、私たちの心や身体の生理的な変化を生じさせます。

特に自律神経は、私たちの心拍や血圧、呼吸、消化、温度調節、睡眠、ホルモンバランス、情動などの働きすべてに深く関わる神経です。香り（精油）を活用したケアが、直接私たちの大切な感覚や反応、指令に関わるサポート方法として期待される大きな理由の1つです。

鼻から脳へ伝わるルート

精油の芳香分子が**鼻腔**に入る

芳香分子が嗅粘膜に溶け込み**嗅上皮**へ到達する

芳香分子が嗅繊毛の表面にある**嗅覚受容体**でキャッチされ**電気信号**に変わり**嗅球**へ

嗅球からの情報が嗅皮質を経由して前頭皮質の**嗅覚野**で匂いとして知覚されると同時に**大脳辺縁系**（海馬や扁桃体）そして**視床下部**や**下垂体**に届く

視床下部の管理下である**自律神経**や**ホルモン分泌の働き**など、情動や生理変化が生じる

　呼吸からの働きは、人体に精油を取り込む方法として、もっとも古くから活用されてきた方法です。歴史を紐解くと、「煙を吸うこと」から始まる「Perfumeパフューム」という言葉は、「Per煙を」「Fumum通して」という意味から成り立っています。

　鼻は肺に空気を届ける上で、吸った空気を温めながら、同時にきれいに濾過する機能を持っています。鼻粘膜で生成された一酸化窒素ガスは、空気と一緒に吸い込まれて肺へ入って気道を広げ、脳や全身への酸素の供給を促進させることがわかっています。これによって、血管や筋肉組織がリラックスし、血流量も増加。緊張や負荷がかかる部分に良い働きをもたらします。肺は、空気を交換するための巨大な表面積を持ち、体循環へとつながる生命に重要な臓器です。

　そして鼻から感じることからスタートする「香り」は、嗅ぐことで鼻から脳へ、そして鼻から肺へ、といった働きを同時に担い大切な働きをもたらします。こうした利点は、生理学的にも詳しく説明できるようになってきました。

　胸を張って鼻から吸って口から吐く場合と、背中を丸めて鼻から吸って口から吐く場合は、どのように違いを感じますか？　ぜひ、いま試してみてください。

　いかがでしょう。明らかに肺に届く空気の感覚の違いが実感できるはずです。普段の生活の中で、私たちが呼吸を意識できているかどうかは、とても簡単そうにみえて実はもっとも難しいセルフケアといえます。

　香りと共にゆっくりと、鼻から吸って口から吐くという心地よい呼吸は、様々な不調和の改善、予防ケアの基本となります。心身への影響力を考えると、呼吸を意識することの大切さを理解できるはずです。

　そして、香りと共に呼吸の働きは「呼吸は自律神経を意識的にコントロールできる唯一の方法」として、重要な役目を果たしているのです。

　このように心地よく呼吸ができる香りを楽しむことが、心身への働きをも変化させていくということが考えられます。

皮膚を通した働き

　皮膚を通した働きについて、天然（自然）香料の精油に関するエビデンスの記述や研究などは多くあり、実際に医学的な検証としての論文を見ることができます。皮膚への塗布は局所マッサージ、湿布、入浴を通しての吸収があります。私たち人間の皮膚は、どんなものでも透過できる構造ではないため、精油そのものの特性とその濃度が関係していると考えられています。

　精油はそれ自体が脂溶性であり、その多くの成分が迅速に皮膚に吸収されると考えられ、多くの研究で精油によっては、一部の成分が皮膚バリア（角質層）から真皮へと通過することを認める結果が出ています。

　足だけ、肩だけといった局所ケアでもその結果は見出されていますが、精油の成分すべてが血流に入ることは認められていません。また、天然（自然）香料である精油には、刺激性や光毒性といった注意事項があるため、使用方法を間違えないよう、十分に気をつけることが大切です。

　一概にすべての人に対し、同じ働きや同じ容量が皮膚からの塗布で血流中に認められるとはいえません。使用する年齢や環境の違い、体調や時間、塗布の方法などにも、それぞれに違いがあり、多くの要因が絡み合うからです。また、塗布した精油は、その時点からどんどん揮発し、その成分は変化していきます。こうした性質に加え、自然収穫と共に抽出される純粋な精油は天候などに左右され、毎年その成分は変化し、再現性をとることが難しいのが実情です。

香りを感じる・触れる・視る

● ● ●

生活の中のあらゆる場面で感じる香り。それはどこから漂うものなのか、私たちはどのように感じているのか、それを意識することでアロマセラピーや精油への理解も深まります。

いい香り・嫌な香りは人それぞれ
香りの好みは一般論では語れない

あなたのまわりにある様々なものにまず、意識を向けてみましょう。コップは香りがしますか？ 本は？ 服は？ 食べ物は？ 自分は？ これらの中には、香りがするものと、しないものがあることに気づきます。

環境、食事、空間、衣服、生活用品など、気づくと私たちのまわりには常に香りが存在し、通常は無臭で生活することはありません。

あらゆる香り（芳香分子）は、私たちの鼻から取り込まれ、嗅細胞の嗅覚受容器によって嗅球へと伝わり、脳へと伝達されます。そのため個々の香りの感じ方や嗜好性には違いが生じ、香りを感じる環境や心身の状態などにも左右されます。このように考えると、香りの好みを一般化することは、想像以上に難しいことであることがわかります。

香りでも楽しむ食事はアロマセラピーと多くの共通点

では、冷蔵庫を開けてみましょう。果物、野菜など、あなたが今手に取っているものは、香りがしますか？ その香りはどこからしていますか？ 次は庭の植物。どのような植物がどのような香りを放っていますか？ そして家の中。あなたがいい香りと思う香りは、どこから漂っていますか？ こうして考えると、どういった場所から香りが発せられているかに気づくことができます。

また、私たちは毎日「食事」を摂取する時に、かならず香りと味を同時に感じて楽しんでいます。けれど、なにか食べながら鼻をつまんでみてください。途端にそれまで感じていた香りや味の一部を感じることができなくなります。次は鼻を解放してみましょう。「ほわ～っ」と感覚が戻るのがわかりませんか？　このように、私たちは栄養素だけではなく、香りや味によって感覚的にも食事を楽しむことができ、さらに食事によってこの感覚を養うことができるのです。逆に言うと、香りも味もしない食事は、私たちを感覚的に楽しませてくれないだけでなく、継続しにくいと言えるのではないでしょうか。

　私は、この食と香りとの関連性において、アロマセラピーの中でも同じような現象を感じることが多くあります。精油を選択したりブレンドしたりすることは、料理をすることに大変似ていると長年感じてきました。そして、香りの持つ性質に嗜好性が組み合わさって、それぞれの香りの受け入れられやすさや受け入れにくさ、そして苦手意識が生じると考えています。

精油が抽出される
芳香植物を視て観察を

　食材のような感覚で、精油を1つ1つ手に取って、香りを確かめてみましょう。次は色。精油の色を確かめるのは少量であればあるほど簡単ではありませんが、ただ1つお伝えできるのは、純粋な精油で無色のものはほとんど存在しないということです。それぞれに色を保持していることは、植物そのものから抽出されている純粋な精油の特性でもあります。

　また、私はスクールで教える際、精油が抽出される植物そのものをできるだけ視るように生徒さんにもすすめています。植物そのものを視るというのは、植物を栽培し、精油を抽出している農家に足を運ぶことが一番良い方法です。私自身も、2000年から世界中のオーガニック認証農家で精油を買付始めてから、その姿や抽出方法、そして農家の皆さんの心に触れ、そこから深く学び続けています。皆さんにも同じ場面を見ていただきたい想いから、写真に収めてきました。各精油の写真から、様々な香りのイメージを膨らませてくださるとうれしいです。

Chapter

7

アロマセラピー
セルフマッサージ

精油を有用活用する手段として、アロマセラピーマッサージケアは
かかせません。知っておきたい知識から、オイルのつくり方、注意点、
各部位の効果的なマッサージ法まで詳しく解説します。

アロマセラピーマッサージの基礎知識

- - -

植物油に精油を混ぜたマッサージオイルを肌に塗布し、体を擦ったり揉んだりするアロマセラピーマッサージ。体だけでなく心に対しても非常に効果的なアプローチ方法です。

スウェディッシュマッサージと
アロマセラピーを組み合わせたケア

アロマセラピーマッサージは、元々筋肉をほぐすスウェディッシュマッサージの手技とアロマセラピーを組み合わせたものとして、広められました。スウェディッシュマッサージは、植物油を体に塗布して行いますが、この植物油と精油が混ざりやすいことも、アロマセラピーと融合した大きな理由です。今日では英国などでも、スウェディッシュマッサージの手技を軸とした実技教育がアロマセラピーを学ぶ際の重要な要素となっています。

これまで体調や気分に応じて精油をブレンドするのは当たり前でしたが、近年は皮膚に塗布して活用する植物油の種類も増えたため、植物油も肌質や目的に応じてブレンドするようになりました。その組み合わせによって、アロマセラピーマッサージは、嗅覚から得る香りの働きと肌から成分を吸収する働き、その両方の利点が期待できる総合的なケアとして実践され続けています。

アロマセラピーマッサージは、治療を目的としたケアではありませんが、体全体を温め循環をサポートし、むくみの軽減や疲労回復などに役立ちます。また、体に触れるタッチケア要素が加わることで、メンタルケアやストレスケアにも良い結果があると評価されています。

アロマセラピーマッサージを行う前に…

初めてアロマセラピーマッサージを行う方、肌が敏感な方、香りに敏感な方は注意が必要です。下記を確認してから始めましょう。

① マッサージオイルの希釈濃度を薄く（1％以下）してください。
希釈濃度とマッサージオイルのつくり方は226～227ページで詳しく説明しています。

② 強い刺激を感じる精油は使用しないでください（体調によっても変化します）。
Chapter2の精油のガイド内「注意事項」も参考にしてください。

③ マッサージオイルを使用する前に、パッチテストを行ってください。

パッチテストの方法

使用するマッサージオイルを腕の内側に塗布し、24～48時間おいてください。もし皮膚にかゆみや炎症などの異常が生じた場合は使用をやめ、すぐに水で洗い流してください。

④ 使用する前に、精油の香りが受け入れられるかチェックしてください。
⑤ 体調などに不安がある場合は、医師の診断を仰いでください。

下記の方はセルフケアでのアロマセラピーマッサージは行わないでください。まず医師の診断を受け、許可が出たらアロマセラピストに相談したうえで施術を受けてください。

① 高齢者または体が衰弱している方
② 乳幼児
③ 妊産婦
④ てんかん、喘息、糖尿病、腎臓病、高血圧、心臓疾患のある方
⑤ 医薬品を常用している方
⑥ 免疫障害（アレルギー、リウマチ、HIVなど）のある方

マッサージオイルの希釈濃度

• • •

植物油に対して精油を何パーセント混ぜたかを表す数字が、希釈濃度です。
健康な成人が使用するマッサージオイルの希釈濃度は1〜2.5%が基本。濃
い濃度で使わないようにしましょう。

精油を直接肌に塗布するのは厳禁
かならず植物油で希釈して使用を

　精油は植物の成分を非常に高い濃度で含有しているため、直接肌に塗
布することは避けるべきです。そこでアロマセラピーマッサージでは、
精油を植物油で希釈した（薄めた）マッサージオイルを使用します。この
時注意しなければならないのが希釈濃度です。健康な成人の場合は、体
に使用する場合は2.5%、顔に使用す
る場合は1%の希釈濃度が基本ですが、
体調や年齢によってはさらに希釈濃
度を下げるなどの配慮が必要です。
肌が弱い方、香りに敏感な方を含め、
心配な場合は体に使用する場合も希
釈濃度1%以下のマッサージオイル
から使い始めましょう。

マッサージオイルの分量と
希釈濃度一覧

＊原則として精油は1滴＝0.03㎖として
　計算を行います。

植物油の量	希釈濃度	精油の滴数
30㎖	1%	10滴
30㎖	2%	20滴
30㎖	2.5%	25滴

希釈濃度の方程式

植物油の量×希釈濃度÷精油1滴の量（0.03㎖）＝混ぜる精油の滴数

（例）30㎖の植物油を使って、希釈濃度2.5%のマッサージオイルをつくる場合

30（㎖）×0.025（2.5%）÷0.03＝25（滴）

マッサージオイルを使用するにあたっての注意

☐皮膚に傷、炎症などがある部位には塗布しないでください。

☐精油、植物油ともに、高品質のものを選びましょう。

☐精油の原液が肌につかないように、十分注意してください。

☐マッサージオイルが口や目に入らないように、十分注意してください。

マッサージオイルのつくり方と使い方

準備するもの

皿

ビーカー

植物油

精油

つくり方と使い方

1

ビーカーに植物油を量って入れます。植物油の量と精油の滴数は、左ページの表を参考にしてください。

2

皿に精油を垂らします。

3

皿に植物油を加えます。

4

植物油がこぼれないように注意しながら、皿を回すようにして精油と植物油を混ぜます。

5

手のひらにマッサージオイルをまんべんなくつけます。

6

両手のひらを重ねて反対の手のひらにもつけ、体に塗布します。

矢印や印の説明

この章ではマッサージの手技を下記の矢印や印で説明しています。

擦る
皮膚の表面を軽く擦る。

強めに擦る
少し押しつけるように
して強めに擦る。

揉む
筋肉を握って緩める動
作を繰り返して揉む。

押す
指の腹などを使って押す。

頭
Head

緊張が続いたりストレス過多になると、頭皮が固くなります。マッサージで頭皮が柔らかくなれば、心身のリラクゼーション効果も上がるため、週1回程度を目安に行いましょう。

＊頭のマッサージは、シャンプーの前に行うのがおすすめです。

1 頭の中心を押す

オイルを手にとり、髪の生え際から後頭部に向かって、頭の中心を少しずつ移動しながら中指で押します。

2 頭の中心から 指2本分外側を押す

*1*で押した頭の中心より指2本分外側を、中指で押します。*1*と同様、髪の生え際から後頭部に向かって、少しずつ移動しながら押しましょう。

3 頭のサイドを押す

指を開き、頭の両サイドを押します。
指の腹を頭皮に当てるようにして、
ゆっくり押しましょう。

4 頭の前後を押す

3と同様に、指を開いて頭の前後を
押します。

5 耳の上から頭頂部に向かって押す

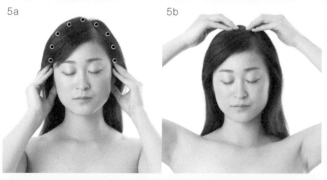

5a

5b

耳の上から(5a)頭頂部に向かって(5b)、少しずつ移動しながら、頭のサイドを
親指以外の四指で押します。

顔
Face

顔の筋肉を意識して動かすことで、血液やリンパの流れが良くなり、その結果、肌のハリや顔色なども良くなります。

1 深呼吸しながら香りを嗅ぐ

オイルを手にとり、手のひらを鼻の前にかざします。ゆっくり深呼吸しながら、精油の香りを嗅いで始めましょう。

2 髪の生え際の中心を押す

髪の生え際の中心を、両手の中指と薬指でゆっくり押して離します。

3 こめかみに向かって押す

2で行った髪の生え際の中心からこめかみに向かって少しずつ移動しながら、中指と薬指で押します。

4 眉の上を押す

眉頭から眉尻に向かって、眉の上を少しずつ移動しながら中指で押します。

とくに顔のむくみが気になる方は積極的に行いましょう。

筋肉のこわばりを解くことで表情も柔らかく、優しくなります。

5 眉頭を持ち上げる ように押す

中指で持ち上げるように眉頭を強め
に押します。

6 鼻の脇にあるツボ 「迎香」を押す

鼻の穴の脇にあるツボ「迎香」を、中
指で持ち上げるように強めに押します。

※迎香＝肌にうるおいを与え、ニキビや肌の
くすみに役立つツボ。

7 頬骨を持ち上げる ように押す

頬骨を中指で持ち上げるように強め
に押します。顔の中心から外側に向
かって、少しずつ移動しながら押し
ましょう。

8 あごの中心から 口の端を押す

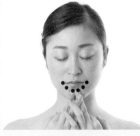

あごの中心から口の端に向かって、少
しずつ移動しながら中指で押します。

→次ページに続く 231

9 頬を擦る

頬を下から上に向かって、右手と左手の指の腹を交互に使いながら擦ります。顔の中心から耳に向かって、少しずつ移動しながら擦りましょう。

10 耳から鎖骨に向かって擦る

耳から鎖骨に向かって、親指以外の四指を使って擦ります。リンパを流すようなイメージで擦りましょう。

11 鎖骨の下を擦る

体の中心から肩先に向かって、親指以外の四指を使って鎖骨の下を擦ります。**10**と同様、リンパを流すようなイメージで擦りましょう。

12 耳を揉む

耳を外に向かって開くようにしながら、軽く揉みます。最後は、耳たぶを軽く引っぱって終わります。

首
Neck

常に重い頭を支えている首は、私たちが想像する以上にこっています。それが肩こりや背中のだるさ、眼精疲労につながることも。つらくなる前にマッサージでケアしましょう。

1 耳から鎖骨、肩に向かって擦る

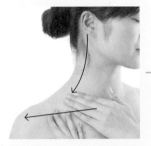

オイルを手にとり、耳から鎖骨、鎖骨から肩先に向かって、親指以外の四指を使って擦ります。リンパを流すようなイメージで擦りましょう。

2 肩を揉む

首から肩先に向かって、手のひら全体を使って肩を揉みます。筋肉をしっかり握って緩めるようにして揉みましょう。

3 首の後ろを押す

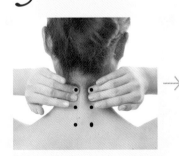

肩から後頭部に向かって、中指と薬指の腹で首の後ろを押します。筋肉をしっかり押すようなイメージで行いましょう。

4 後頭部のツボ「風府」「風池」を押す

後頭部の中心の髪の生え際より少し上にあるツボ「風府」を中指で、左右の耳たぶの後ろにある、骨の出っぱりのやや内側にあるツボ「風池」を親指で押します。

※風府＝頭痛や風邪のひきはじめに役立つツボ。風池＝眼精疲労に役立つツボ。

デコルテ

Decollete

体内の老廃物を集積し、体外に排出するリンパ節が鎖骨と脇の下にあるためそこに向かって手を動かすことがポイント。スムーズな老廃物排出を促します。

1 鎖骨の下を軽く擦る

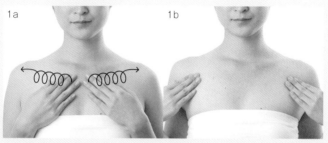

1a　　　　　　　　　　1b

オイルを手にとり、鎖骨の下を人差し指、中指、薬指の腹で円を描きながら軽く擦ります。体の中心から(1a)外側に向かって(1b)擦りましょう。

2 鎖骨の下を強めに擦る

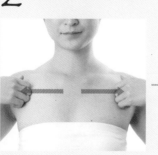

拳を握り、親指以外の四指の第2関節を使って、鎖骨の下を強めに擦ります。体の中心から外側に向かって擦りましょう。

3 鎖骨の下を押す

鎖骨を下から持ち上げるように、人差し指、中指、薬指で押します。体の中心から外側に向かって少しずつ移動しましょう。

肩

shoulder

全身の血液やリンパの循環を促すキーポイントとなっているのが肩。マッサージでほぐすのはもちろんですが、時々腕を大きく回し、肩甲骨を意識して動かすようにしましょう。

1 肩を擦る

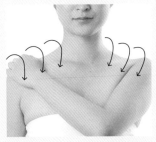

オイルを手にとり、手のひら全体を使って背中から鎖骨に向かって擦ります。肩先から首に向かって擦りましょう。

2 鎖骨の下を擦る

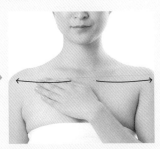

鎖骨の下を、親指以外の四指を使って擦ります。体の中心から外側に向かって擦りましょう。

3 肩を揉む

首から肩先に向かって、手のひら全体を使って肩を揉みます。筋肉をしっかり握って緩めるようにして揉みましょう。

4 肩のツボ「肩井」を押す
けん い

首の付け根から肩先の中間にあるツボ「肩井」を中指で押します。

※肩井=肩や首のこり、頭痛に役立つツボ。

腕
Arms

加齢とともに女性が気になる二の腕のたるみ。

マッサージは脂肪燃焼にもつながり、たるみ防止になります。

1 手の内側を擦る

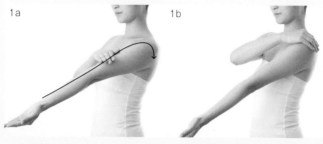

1a　　　　　　　　　　　　1b

オイルを手にとり、手のひらを上に向けます。手首から肩に向かって手のひら全体を使って擦り（1a）、肩を通って（1b）、**2**へと続けます。

2 手の外側を擦る

手のひらを下に向け、肩から指先に向かって手のひら全体を使って擦ります。

3 手の内側を押す

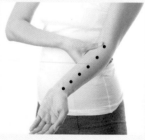

手のひらを上に向け、手首からひじに向かって、6カ所ほど親指の腹で押します。

最近は、パソコン作業やスマートフォン操作を長時間行うことが多く、腕も疲れやすくなっています。疲れが溜まる前に、筋肉をほぐしましょう。

4 腕の外側を強く擦る

手のひら全体で腕を包むように握り、手首からひじに向かって、強めに擦ります。

5 二の腕の外側を揉む

ひじから脇に向かって、手のひら全体で二の腕の外側を揉みます。握っては緩める動作を繰り返しながら揉みましょう。

6 二の腕の外側を強めに擦る

ひじから脇に向かって、手のひら全体で、らせんを描きながら強めに擦ります。

7 二の腕の内側を揉む

ひじから肩に向かって、手のひら全体で二の腕の内側を揉みます。握っては緩める動作を繰り返しながら揉みましょう。

手
Hands

全身の臓器と結びついているリフレクソロジーポイント（反射区）が集まっている手は、全身の健康状態を映す鏡のようなもの。

1 手全体を擦る

オイルを手にとり、手のひら全体でもう片方の手を包むように握ります。手首から指先に向かって、強めに擦ります。

2 指の骨と骨の間を擦る

手のひら全体でもう片方の手の甲を包むように握り、指の骨と骨の間を、親指の腹で強めに擦ります。

3 指を擦る

指の付け根から指先に向かって、親指の腹で強めに擦ります。*2*と*3*をすべての指に行いましょう。

4 手のひら側の 骨と骨の間、指を擦る

*2*と*3*と同様に、今度は手のひら側の骨と骨の間を擦り、次に指を擦ります。すべての指に行いましょう。

そのため、丁寧にほぐすことは全身のケアにつながります。

ただし、極端にむくむようであれば、医師の診断を受けましょう。

5 手のひらを擦る

手のひらを、親指の腹で円を描きながら強めに擦ります。

6 小指側の側面を擦る

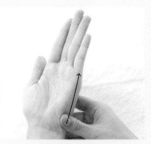

小指側の手の側面を、手首から指先に向かって親指の腹で擦ります。

7 親指側の側面を擦る

親指側の手の側面を、手首から指先に向かって親指の腹で擦ります。

8 小指と薬指の 付け根を押す

小指の付け根、小指と薬指の間の付け根、薬指の付け根の3カ所を親指の腹で押します。

239

おなか

Abdomen

おなかの下にはたくさんの神経が通っています。マッサージしながらそれらの神経をリラックスさせることは、

1 おなか全体を擦る

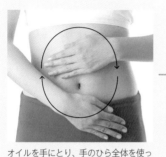

オイルを手にとり、手のひら全体を使って大きな円を描きながら擦ります。
＊実際は服を脱ぎ、直接肌に触れて行ってください。

2 右から左、左から右へ擦る

右から左へ向かって、手のひら全体を使って擦ります。次に左から右へ向かって擦ります。右手と左手を交互に使いながら擦りましょう。

3 下から上へ擦る

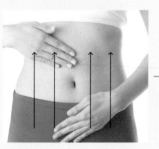

下から上へ向かって、手のひら全体を使って擦ります。右手と左手を交互に使いながら擦りましょう。

4 脇腹から中心に向かって揉む

脇腹から中心に向かって、手の付け根部分を使って揉みます。贅肉をしっかり揉むようなイメージで行いましょう。

メンタル面の緊張緩和にもつながります。

おなかは痩身を期待してつい力が入りがちですが、

優しく心地よい程度に行うよう心掛けましょう。

5 おなか全体を M字に擦る

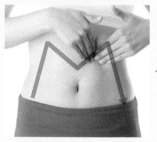

人差し指、中指、薬指を使って、M字に擦ります。右下からスタートし、やや強めに擦りましょう。

6 おなかのツボ 「天枢」を押す

おへそから指3本分ほど外側にあるツボ「天枢」を中指で押します。ゆっくり押し、ゆっくり離しましょう。

※天枢＝消化器系のトラブルに役立つツボ。

アロマセラピー　セルフマッサージ　おなか

column　「おなかがはっている感じ」、その原因は?

①便秘　②自律神経の乱れ

なんとなくおなかがはってすっきりしない……その原因は主に2つ考えられます。①が原因の場合は食物繊維の多い食べ物をとる、運動する、マッサージで腸の働きを促すなどの方法で改善できます。②が原因の場合は緊張、不安、怒りなど精神面に起因する場合が多いため、その原因を癒すことが改善につながります。ただ、どちらか片方が原因の場合より、2つの原因が絡み合っていることが多いのが現実です。薬に頼る前に、おなかをゆっくりマッサージしながら自分の心身と向き合い、本当の原因を探っていきましょう。

脚

Legs

脚は血液を全身にめぐらせるための、
ポンプのような役割を果たしています。

1 脚全体を擦る

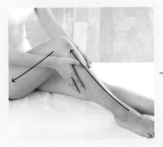

オイルを手にとり、足首からひざ、ひざ
から太ももに向かって擦り、オイルを脚
全体に伸ばします。

2 ひざ下を押す

足首からひざに向かって、ひざ下を6
カ所ほど親指の腹で押します。

3 ふくらはぎと太ももの裏を強く擦る

両手のひら全体でふくらはぎを包む
ように握り、足首からひざに向かっ
て強めに擦ります。同様に、ひざか
ら脚の付け根に向かって、太ももの
裏を強めに擦ります。

4 脚の側面を押す

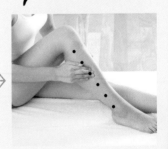

足首からひざに向かって、脚の側面
を6カ所ほど人差し指、中指、薬指
の腹で押します。

242

脚の血流が悪くなるとむくむだけでなく、全身の不調を招いてしまうことも。
とくにふくらはぎがポイントなので、意識してマッサージを行いましょう。

5 太ももを強く擦る

手のひら全体で太ももを包むように
握り、太ももを上へ引き上げながら、
強めに擦ります。ひざから脚の付け
根に向かって擦りましょう。

6 ひざのまわりを擦る

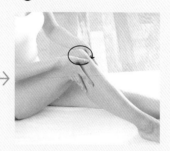

ひざのまわりを、円を描きながら親
指で擦ります。

7 ひざのまわりを押す

ひざの下、両脇、上の4カ所を親指
の腹で押します。

8 ふくらはぎを揉む

手のひら全体でふくらはぎを包むよ
うに握り、下に引っぱるようにして
揉みます。足首からひざに向かって
揉みましょう。

243

足

Foot

手と同様、足にも全身の内臓とつながるリフレクソロジーポイント（反射区）があり、意識して触れることで体全体の調子を整えます。

1 足の甲を擦る

オイルを手にとり、両手のひら全体で足を包むように握ります。足の甲を足裏側に曲げながら、足先からかかとに向かって擦りましょう。

2 指の骨と骨の間を擦る

指の骨と骨の間を、親指の腹で擦ります。小指側から親指側に向かって移動しましょう。

3 足の内側を押す

かかとから足先に向かって、足の側面を6カ所ほど親指の腹で押します。

4 足裏のツボ「湧泉」を押す

土踏まずのやや上、足の指を内側に曲げた時にできる、へこんだ部分を親指の腹で押します。

※湧泉＝肉体・精神両方の疲労に役立つツボ。

244

また、足の裏は「第2の心臓」と言われるほど血流にも影響が大きい部分。常にほぐしておくことが肝心です。

5 足裏を押す

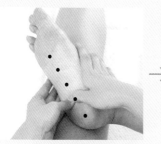

4からかかとに向かって、少しずつ移動しながら親指の腹で押します。

6 かかとからくるぶしを結ぶ線を押す

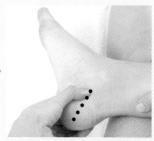

かかとからくるぶしを結ぶ線の上を、親指の腹で押します。かかとからくるぶしに向かって、少しずつ移動しながら押しましょう。

7 足の指を曲げる

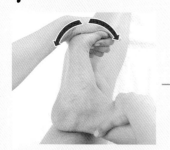

手のひらで足の指5本を包むように持ち、足の甲側にそらせます。次に足の裏側にそらせます。

8 足の指を広げる

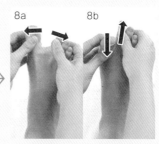

8a　　　　8b

隣り合う指と指を横に大きく広げ（8a）、次に前後に広げます（8b）。すべての指を同様に行いましょう。

背中
Back

背中でまず気をつけたいのは姿勢。姿勢が悪いと血流が悪くなり、こりが悪化してしまいます。

1 背中の中心から外側に向かって擦る

オイルを手にとり、背中の中心から外側に向かって、手のひら全体で擦ります。手の届く範囲を行いましょう。

＊実際は服を脱ぎ、直接肌に触れて行ってください。

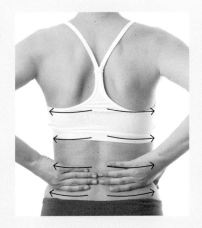

2 背骨の外側を押す

背骨の外側を、親指で押します。下から上に向かって少しずつ移動しながら押しましょう。

座りっぱなしや立ちっぱなしも背中に大きな負担がかかるため、
定期的にケアをしましょう。

3 肩甲骨中央のツボ 「天宗」を押す

肩甲骨のほぼ中央にあるツボ「天宗」
を中指で押します。ゆっくり押して
離しましょう。

4 肩甲骨のまわりを押す

肩甲骨のまわりを、親指以外の四指
で押します。脇の下に手を入れ、肩
甲骨に沿って少しずつ移動しながら
押しましょう。

5 肩甲骨上のツボ 「肩貞」を押す

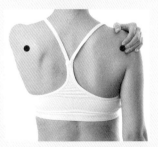

肩甲骨の上部にあるツボ「肩貞」を
中指で押します。

天宗＝肩こりや母乳の出が悪い
　　　時に役立つツボ。

肩貞＝肩こりや五十肩、リウマ
　　　チに役立つツボ。

247

ヒップ

Buttocks

ヒップの骨の内側には子宮や卵巣など女性に大切な臓器が集中しています。マッサージして循環を良くすることは、婦人科系の健康にも大切。月経痛がある方は積極的に行いましょう。

1 ヒップのふくらみに沿ってV字に擦る

オイルを手にとり、ヒップのふくらみを持ち上げるように、手のひら全体を使ってV字に擦ります。

＊実際は服を脱ぎ、直接肌に触れて行ってください。

2 骨の上を強めに擦る

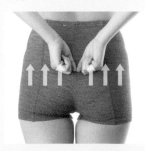

拳を握り、ヒップの骨を持ち上げるように強めに擦ります。中央から外側の順に行いましょう。

3 ヒップの中央を押す

ヒップのふくらみの中央を、中指と薬指で押します。

4 ヒップ全体を拳で擦る

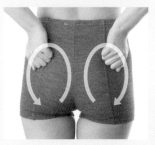

拳を握り、ヒップ全体を、円を描きながら強めに擦ります。

Chapter

8

悩み別 精油の
ブレンドレシピ

アロマセラピーケアが有効活用できる様々な悩みに対して

おすすめの使い方、具体的なレシピを紹介します。

●おすすめの使い方

 マスクに垂らす。

→54ページ参照

ティッシュに精油を
垂らして芳香浴する。

→53ページ参照

スプレーをつくって
芳香浴する。

→53ページ参照

 アロマバスに入る。
手浴・足浴を行う。

→101〜102ページ参照

 マッサージする。

→Chapter7参照

頭痛・目の疲れ

パソコンやスマートフォンを扱うことの多い現代人は眼精疲労になりやすく、それが悪化すると頭痛になることも。心地よい香りで、筋肉や神経の緊張を解きほぐしましょう。

●おすすめの精油

重たい目や頭を軽くしてくれるような、クリアな爽快感や程よい苦味を感じる精油、グリーンな甘さを感じる精油が役立ちます。

オレンジスイート	ペパーミント
クラリセージ	ベルガモット
スペアミント	マージョラム
ゼラニウム	ラベンダー(真正)
ネロリ	レモン
フランキンセンス	ローズ
ペティグレン	ローズマリーシネオール

●おすすめの使い方

 マスクに垂らす。

 ティッシュに精油を垂らして芳香浴する。

 スプレーをつくって芳香浴する。

 アロマバスに入る。

首や肩をマッサージする。

●役に立つ主な成分
テルペン類／アルコール類／エステル類／オキサイド類

●役に立つ主な作用
うっ滞除去作用　血圧降下作用　抗ウイルス作用　抗炎症作用　抗菌作用
抗真菌作用　神経系バランス調整作用　鎮けい作用　免疫強壮作用

おすすめのブレンドレシピ

	プラスするアイテム →			水(25mℓ)	天然塩など(大さじ2)	植物油(25mℓ)
レシピ①	ベルガモット	1滴	3滴	7滴	7滴	7滴
	ラベンダー(真正)	1滴	1滴	3滴	3滴	3滴
レシピ②	オレンジスイート	1滴	3滴	6滴	6滴	6滴
	スペアミント	1滴	1滴	2滴	2滴	2滴
	クラリセージ	1滴	1滴	2滴	2滴	2滴
レシピ③	レモン			2滴	2滴	2滴
	ローズマリーシネオール			4滴	4滴	4滴
	ペパーミント			1滴	1滴	1滴
	フランキンセンス			3滴	3滴	3滴
レシピ④	オレンジスイート			3滴	3滴	3滴
	ベルガモット			2滴	2滴	2滴
	スペアミント			1滴	1滴	1滴
	ネロリ			2滴	2滴	2滴
	フランキンセンス			2滴	2滴	2滴

鼻づまり・花粉症

春先だけでなく、季節を問わず悩む人が多い花粉症。鼻水・鼻づまりのほかに、目のかゆみなど症状も様々です。症状が出る前から、予防として精油を利用しましょう。

●おすすめの精油

スッとする爽快感と、程よい甘さを持ち合わせた精油が鼻通りを良くし、ボーッとした頭やどんよりとした気分をすっきりさせるサポートとなります。

- ⊛ オレンジスイート
- ♣ サンダルウッド
- ♣ シダーウッド
- ❧ スペアミント
- ❧ ティートリー
- ❧ パインスコッツ
- ❧ ペパーミント
- ❋ ベルガモット
- ❧ ユーカリプタス グロビュラス
- ❧ ユーカリプタス ラディアータ
- ❧ ラベンダースパイク
- ❋ レモン
- ❧ ローレル

●おすすめの使い方

 マスクに垂らす。

 ティッシュに精油を垂らして芳香浴する。

 スプレーをつくって芳香浴する。

 アロマバスに入る。

 のどや胸などを擦ってマッサージする。

●役に立つ主な成分
テルペン類／アルコール類／ケトン類／オキサイド類

●役に立つ主な作用

| 去たん作用 | 抗炎症作用 | 抗感染作用 | 抗菌作用 | 抗真菌作用 |

おすすめのブレンドレシピ

プラスするアイテム →	🫙	📄	水 (25mℓ)	天然塩など (大さじ2)	植物油 (25mℓ)
レシピ① ❋ レモン	1滴	3滴	7滴	7滴	7滴
❧ ユーカリプタス	1滴	1滴	3滴	3滴	3滴
レシピ② ❋ オレンジスイート	1滴	3滴	6滴	6滴	6滴
❧ スペアミント	1滴	1滴	2滴	2滴	2滴
❧ ティートリー	1滴	1滴	2滴	2滴	2滴
レシピ③ ❧ ティートリー			1滴	1滴	1滴
♣ シダーウッド			2滴	2滴	2滴
❧ ラベンダースパイク			2滴	2滴	2滴
❋ レモン			5滴	5滴	5滴
レシピ④ ❋ オレンジスイート			2滴	2滴	2滴
❋ ベルガモット			3滴	3滴	3滴
❧ ペパーミント			2滴	2滴	2滴
❧ ローレル			1滴	1滴	1滴
♣ サンダルウッド			2滴	2滴	2滴

のどの痛み・せき

気管支系にまつわる症状には、まずマスクに精油を垂らす方法が手軽でおすすめ。のどや胸のあたりをマッサージする時は、深呼吸しながら精油の香りを吸い込むようにしましょう。

●おすすめの精油

菌の繁殖を防いだり、炎症を鎮めたりする働きを持つ、すっきりと爽やかさのある精油や、痛み・せきによる疲れを癒す優しい甘さを感じる精油がおすすめです。

- ⊛ オレンジスイート
- ⊛ グレープフルーツ
- ✿ シダーウッド
- ✸ ジンジャー
- ⚘ スペアミント
- ⚘ ティートリー
- 🜊 フランキンセンス
- ⚘ ペパーミント
- ⚘ ユーカリプタス ラディアータ
- ⚘ ラベンダースパイク
- ⊛ レモン
- ⚘ ローズマリーシネオール

●おすすめの使い方

 マスクに垂らす。

 ティッシュに精油を垂らして芳香浴する。

 スプレーをつくって芳香浴する。

 アロマバスに入る。

🜕 のどや胸を擦ってマッサージする。

●役に立つ主な成分
テルペン類／アルコール類／ケトン類／オキサイド類

●役に立つ主な作用

去たん作用	抗炎症作用	抗感染作用	抗菌作用	抗真菌作用

おすすめのブレンドレシピ

	プラスするアイテム →	マスク	ティッシュ	スプレー 水 (25mℓ)	アロマバス 天然塩など (大さじ2)	マッサージ 植物油 (25mℓ)
レシピ①	⊛ グレープフルーツ	1 滴	3 滴	7 滴	7 滴	7 滴
	⚘ ローズマリーシネオール	1 滴	1 滴	3 滴	3 滴	3 滴
レシピ②	⊛ オレンジスイート	1 滴	3 滴	7 滴	7 滴	7 滴
	⚘ ユーカリプタス ラディアータ	1 滴	1 滴	3 滴	3 滴	3 滴
レシピ③	⊛ オレンジスイート			5 滴	5 滴	5 滴
	⚘ ユーカリプタス ラディアータ			3 滴	3 滴	3 滴
	✿ シダーウッド			2 滴	2 滴	2 滴
レシピ④	⊛ グレープフルーツ			2 滴	2 滴	2 滴
	⊛ レモン			3 滴	3 滴	3 滴
	⚘ ペパーミント			2 滴	2 滴	2 滴
	✸ ジンジャー			1 滴	1 滴	1 滴
	🜊 フランキンセンス			2 滴	2 滴	2 滴

風邪・インフルエンザ

風邪やインフルエンザは、まず予防と早めの対処が肝心です。流行する前に、おすすめの使い方の中から行いやすい方法で活用を。発熱したら、無理をせず医師の診断を受けましょう。

●おすすめの精油

抗感染作用・抗菌作用・抗真菌作用を持つすっきりとシャープな印象の香りや、体を温める働きのある苦味、スパイシーさを感じる精油などが予防や初期症状に役立ちます。

- ⊛ オレンジスイート
- ⊛ グレープフルーツ
- ⚘ クローブ
- ⚘ シダーウッド
- ⚘ シナモンリーフ
- ⚘ タイムリナロール
- ⚘ ティートリー
- ⚘ ペパーミント
- ⚘ ユーカリプタス ラディアータ
- ⊛ ラベンダー(真正)
- ⚘ ラベンダースパイク
- ⊛ レモン
- ⚘ ローズマリー シネオール

●おすすめの使い方

 マスクに垂らす。

 ティッシュに精油を垂らして芳香浴する。

 スプレーをつくって芳香浴する。

 アロマバスに入る。

●役に立つ主な成分
テルペン類／アルコール類／フェノール類

●役に立つ主な作用

抗ウイルス作用	抗炎症作用	抗感染作用	抗菌作用	抗真菌作用	免疫強壮作用

おすすめのブレンドレシピ

プラスするアイテム →			水 (25㎖)	天然塩など (大さじ2)
レシピ① ⊛ レモン	1滴	3滴	7滴	7滴
⚘ ユーカリプタス ラディアータ	1滴	1滴	3滴	3滴
レシピ② ⊛ オレンジスイート	1滴	3滴	7滴	7滴
⚘ ティートリー	1滴	1滴	3滴	3滴
レシピ③ ⊛ オレンジスイート			5滴	5滴
⚘ シナモンリーフ			1滴	1滴
⊛ ラベンダー(真正)or ⚘ ラベンダースパイク			4滴	4滴
レシピ④ ⊛ グレープフルーツ			2滴	2滴
⊛ レモン			3滴	3滴
⚘ ペパーミント			1滴	1滴
⚘ クローブ			1滴	1滴
⊛ シダーウッド			2滴	2滴

胃のもたれ・むかつき・胃痛

ムカムカしてなにもしたくない場合は、まず精油をマスクなどに2〜4滴垂らし、深呼吸しながら吸入を。少し気分が落ち着いたら、芳香浴でまわりに香りを漂わせて改善しましょう。

●おすすめの精油

スパイシーな甘味や爽快感のある苦味など、優しい印象の中にもやや刺激を感じる印象の精油がおすすめ。不快感を和らげるとともに、消化器系の働きを活発にします。

⊛ オレンジスイート
⚘ ジンジャー
🍃 バジル

🍃 ペパーミント
⊛ レモン
🌾 レモングラス

●おすすめの使い方

 マスクに垂らす。

ティッシュに精油を垂らして芳香浴する。

スプレーをつくって芳香浴する。

●役に立つ主な成分
テルペン類／アルコール類／アルデヒド類

●役に立つ主な作用

| 抗アレルギー作用 | 抗ウイルス作用 | 抗炎症作用 | 抗菌作用 | 抗真菌作用 |
| 食欲増進作用 | 免疫強壮作用 | | | |

**おすすめの
ブレンドレシピ**

	プラスするアイテム →			水(25㎖)
レシピ①	⊛ レモン	1 滴	3 滴	7 滴
	🌾 レモングラス	1 滴	1 滴	3 滴
レシピ②	⊛ オレンジスイート	2 滴	3 滴	6 滴
	🍃 バジル	1 滴	1 滴	2 滴
	🍃 ペパーミント	1 滴	1 滴	2 滴
レシピ③	⊛ レモン	1 滴	1 滴	5 滴
	⚘ ジンジャー	2 滴	2 滴	1 滴
	🍃 ペパーミント	1 滴	1 滴	2 滴

膨満感・便秘・下痢

アロマセラピーは「調子を整える」ことが目的のため、便秘と下痢といった相反する症状でも、同じ精油で対処します。消化器系はストレスの影響を受けやすいため、メンタルケアも大切に。

●おすすめの精油

スパイシーさを感じる甘み、爽快さを感じる甘みなど、全体的に優しさと柔らかさを感じる香りの精油が向いています。それらが消化器系の緊張を和らげ、働きを活性化します。

- ❀ オレンジスイート
- ❀ カルダモン
- ❀ グレープフルーツ
- ❀ ゼラニウム
- ❀ パチュリ
- ❀ フェンネル
- ❀ ベティバー
- ❀ ペパーミント
- ❀ マンダリン
- ❀ ローマンカモミール

●おすすめの使い方

マスクに垂らす。

ティッシュに精油を垂らして芳香浴する。

スプレーをつくって芳香浴する。

アロマバスに入る。

おなかを擦ってマッサージする。

●役に立つ主な成分
テルペン類／アルコール類／ケトン類／フェノール類の一部／エステル類

●役に立つ主な作用

抗ウイルス作用	抗炎症作用	抗感染作用	抗菌作用	抗真菌作用
鎮静作用	鎮痛作用			

おすすめの
ブレンドレシピ

	プラスするアイテム →			水 (25mℓ)	天然塩など (大さじ2)	植物油 (25mℓ)
レシピ①	❀ オレンジスイート	1 滴	3 滴	7 滴	7 滴	7 滴
	❀ ペパーミント	1 滴	1 滴	3 滴	3 滴	3 滴
レシピ②	❀ マンダリン	1 滴	3 滴	7 滴	7 滴	7 滴
	❀ フェンネル	1 滴	1 滴	3 滴	3 滴	3 滴
レシピ③	❀ オレンジスイート			6 滴	6 滴	6 滴
	❀ カルダモン			2 滴	2 滴	2 滴
	❀ ペパーミント			2 滴	2 滴	2 滴
レシピ④	❀ オレンジスイート			3 滴	3 滴	3 滴
	❀ マンダリン			2 滴	2 滴	2 滴
	❀ ペパーミント			2 滴	2 滴	2 滴
	❀ ゼラニウム			2 滴	2 滴	2 滴
	❀ ベティバー			1 滴	1 滴	1 滴

免疫力アップ

免疫力とは病気に抵抗する力のことで、QOLの向上や日常の健康を支えるために不可欠です。免疫力低下の予防にアロマセラピーが大変有用とされています。

●おすすめの精油

抵抗感なく使える柑橘系の香りや、優しい花の香りがおすすめです。少量でも強く香る精油は避け、ほんのりと漂わせる程度にしましょう。

❋ オレンジスイート　　◥ フランキンセンス
❋ サンダルウッド　　　❋ ベルガモット
◥ スペアミント　　　　◥ ユーカリプタス ラディアータ
❋ ゼラニウム　　　　　❋ マンダリン
◥ ティートリー　　　　❋ ラベンダー(真正)
❋ ネロリ　　　　　　　❋ レモン
❋ パチュリ

●おすすめの使い方

 ティッシュに精油を垂らして芳香浴する。
スプレーをつくって芳香浴する。
 手浴・足浴を行う。
 好きな部位をマッサージする。

●役に立つ主な成分
テルペン類／アルコール類／エステル類／オキサイド類
●役に立つ主な作用

抗ウイルス作用	抗炎症作用	抗菌作用	抗真菌作用	循環促進作用
鎮静作用	鎮痛作用	免疫強壮作用		

おすすめのブレンドレシピ

プラスするアイテム →		水 (25mℓ)	植物油など (大さじ1)	植物油 (25mℓ)
レシピ① ❋ オレンジスイート	2滴	3滴	2滴	3滴
レシピ① ◥ ティートリー	1滴	2滴	1滴	2滴
レシピ② ❋ ベルガモット	1滴	2滴	1滴	2滴
レシピ② ❋ ネロリ	1滴	2滴	1滴	2滴
レシピ② ❋ サンダルウッド	1滴	1滴	1滴	1滴
レシピ③ ❋ オレンジスイート		2滴		2滴
レシピ③ ◥ ティートリー		1滴		1滴
レシピ③ ❋ ラベンダー(真正)		1滴		1滴
レシピ③ ❋ パチュリ		1滴		1滴
レシピ④ ❋ レモン		2滴		2滴
レシピ④ ◥ ユーカリプタス ラディアータ		1滴		1滴
レシピ④ ❋ ゼラニウム		1滴		1滴
レシピ④ ❋ サンダルウッド		1滴		1滴

呼吸を整える

呼吸は私たちの心身そして体の仕組みにおいても大変重要な役割を担っています。
呼吸を意識し整えることは、心身の健康にもつながります。

●おすすめの精油

爽快感がある香り、優しく甘い香りなどがおすすめですが、
なにより大切なのは、自身に心地よい香りであることです。
香りを意識することで、呼吸に対する意識も高まります。

- ✳ オレンジスイート
- ✳ グレープフルーツ
- ✳ サンダルウッド
- ✳ シダーウッド
- ✳ スペアミント
- ✳ ゼラニウム

- ✳ ティートリー
- ✳ パチュリ
- ✳ フランキンセンス
- ✳ ペパーミント
- ✳ ベルガモット
- ✳ ユーカリプタス
  ラディアータ

- ✳ ラベンダー(真正)
- ✳ レモン
- ✳ レモングラス
- ✳ ローズマリー
  シネオール

●おすすめの使い方

ティッシュに精油を
垂らして芳香浴する。

スプレーをつくって
芳香浴する。

アロマバスに入る。

胸のあたりを
マッサージする。

●役に立つ主な成分
テルペン類／アルコール類／ケトン類／アルデヒド類／フェノール類／エステル類／オキサイド類

●役に立つ主な作用

| 去たん作用 | 抗ウイルス作用 | 抗炎症作用 | 抗菌作用 | 抗真菌作用 |
| 循環促進作用 | 鎮静作用 | 鎮痛作用 | 免疫強壮作用 | |

おすすめのブレンドレシピ

プラスするアイテム →		水 (25mℓ)	天然塩など (大さじ2)	植物油 (25mℓ)
レシピ① ✳ オレンジスイート	3 滴	7 滴	7 滴	7 滴
✳ スペアミント	1 滴	3 滴	3 滴	3 滴
レシピ② ✳ レモン	2 滴	6 滴	6 滴	6 滴
✳ ローズマリーシネオール	1 滴	2 滴	2 滴	2 滴
✳ フランキンセンス	1 滴	2 滴	2 滴	2 滴
レシピ③ ✳ オレンジスイート		5 滴	5 滴	5 滴
✳ ゼラニウム		2 滴	2 滴	2 滴
✳ パチュリ		3 滴	3 滴	3 滴
レシピ④ ✳ ベルガモット		3 滴	3 滴	3 滴
✳ ペパーミント		2 滴	2 滴	2 滴
✳ ラベンダー(真正)		2 滴	2 滴	2 滴
✳ サンダルウッド		3 滴	3 滴	3 滴

冷え・こむらがえり・肩こり

これらの症状に共通する要因は、血液循環の悪さ。血行が良くなれば体も温まり、筋肉のこわばりも緩和されます。まず風呂はシャワーですませず、湯船に浸かることから始めましょう。

悩み別精油の
ブレンドレシピ

冷え・こむらがえり・肩こり

●おすすめの精油

優しい甘さや温かさ、爽快感をベースにしながらも、全体的に深いグリーンでウッディな印象の香りを持つ精油が中心。体を温め、筋肉の動きをスムーズにします。

- ⊛ オレンジスイート
- ⊛ カルダモン
- ⊛ グレープフルーツ
- ⊛ シダーウッド
- ⊛ ゼラニウム
- ⊛ ジンジャー
- ⊛ パチュリ
- ⊛ ブラックペッパー
- ⊛ マージョラム
- ⊛ ラベンダースパイク
- ⊛ レモン
- ⊛ ローズマリーシネオール

●おすすめの使い方

 マスクに垂らす。

 ティッシュに精油を垂らして芳香浴する。

 スプレーをつくって芳香浴する。

アロマバスに入る。

 手足・肩を中心にマッサージする。

●役に立つ主な成分
テルペン類／アルコール類／ケトン類／エステル類／オキサイド類

●役に立つ主な作用

| 去たん作用 | 抗ウイルス作用 | 抗炎症作用 | 抗菌作用 | 抗真菌作用 |
| 循環促進作用 | 神経系バランス調整作用 | 鎮けい作用 | 免疫強壮作用 | |

おすすめのブレンドレシピ

プラスするアイテム →				水 (25mℓ)	天然塩など (大さじ2)	植物油 (25mℓ)
レシピ① ⊛ レモン	1滴	3滴		7滴	7滴	7滴
⊛ ラベンダースパイク	1滴	1滴		3滴	3滴	3滴
レシピ② ⊛ オレンジスイート	1滴	3滴		6滴	6滴	6滴
⊛ カルダモン	1滴	1滴		2滴	2滴	2滴
⊛ ブラックペッパー	1滴	1滴		2滴	2滴	2滴
レシピ③ ⊛ オレンジスイート				5滴	5滴	5滴
⊛ ジンジャー				1滴	1滴	1滴
⊛ マージョラム				2滴	2滴	2滴
⊛ シダーウッド				2滴	2滴	2滴
レシピ④ ⊛ グレープフルーツ				3滴	3滴	3滴
⊛ ローズマリーシネオール				3滴	3滴	3滴
⊛ ブラックペッパー				1滴	1滴	1滴
⊛ ゼラニウム				1滴	1滴	1滴
⊛ パチュリ				2滴	2滴	2滴

手足のむくみ

むくみの原因は体内に溜まった余分な水分です。入浴後、または手浴や足浴で体を温めたあと、マッサージするのが最も効果的。血液やリンパの流れを良くし、水分排出を促します。

●おすすめの精油

酸味、苦味、深い甘さ、スパイシーさなどが強めで、特徴的な香りの精油が体内循環機能を高めるようにサポート。血液やリンパの流れを活発にし、むくみを和らげます。

- ❀ イランイラン
- ❀ オレンジスイート
- ❀ グレープフルーツ
- ❀ サイプレス
- ❀ シダーウッド
- ❀ ゼラニウム
- ❀ パチュリ
- ❀ ペティグレン
- ❀ ベルガモット
- ❀ マージョラム
- ❀ ユーカリプタス ラディアータ
- ❀ ラベンダー(真正)
- ❀ レモン

●おすすめの使い方

 マスクに垂らす。

 ティッシュに精油を垂らして芳香浴する。

手浴・足浴を行う。

 手足を中心にマッサージする。

●役に立つ主な成分
テルペン類／アルコール類／ケトン類／アルデヒド類／エステル類

●役に立つ主な作用
うっ滞除去作用　抗ウイルス作用　抗炎症作用　抗菌作用　抗真菌作用　神経系バランス調整作用
鎮けい作用　鎮静作用　免疫強壮作用

おすすめのブレンドレシピ

プラスするアイテム →			天然塩など(大さじ1)	植物油(25mℓ)
レシピ① ❀ レモン	1滴	3滴	3滴	7滴
❀ ユーカリプタス ラディアータ	1滴	1滴	1滴	3滴
レシピ② ❀ ベルガモット			2滴	5滴
❀ ラベンダー(真正)			1滴	3滴
❀ ペティグレン			1滴	2滴
レシピ③ ❀ オレンジスイート			2滴	6滴
❀ サイプレス			1滴	3滴
❀ イランイラン			1滴	1滴
レシピ④ ❀ グレープフルーツ				2滴
❀ レモン				3滴
❀ サイプレス				2滴
❀ ゼラニウム				1滴
❀ シダーウッド				2滴

ニキビ・皮脂のバランスの崩れ

男性ホルモンの刺激で起こる過剰な皮脂分泌は、毛穴を詰まらせニキビの原因に。皮脂バランスの乱れは、過剰なストレスによって慢性化するため、肌だけでなく心のケアも重要です。

●おすすめの精油

抗菌・抗真菌作用があるさっぱりとした香りの精油を中心に活用を。顔に使用するため、アルコール類とエステル類をベースとする刺激が少ない精油を選びましょう。

- ≥ ティートリー
- ❀ ネロリ
- ❀ ラベンダー(真正)
- ❀ レモン
- ⁝ レモングラス

●おすすめの使い方

 顔をマッサージする。

●役に立つ主な成分
アルコール類／エステル類

●役に立つ主な作用

| 抗炎症作用 | 抗真菌作用 | 抗菌作用 |
| 収れん作用 | 皮脂分泌調整作用 | ホルモンバランス調整作用 |

おすすめのブレンドレシピ

	プラスするアイテム →	植物油(15mℓ)
レシピ①	❀ ティートリー	2滴
	❀ ラベンダー(真正)	1滴
レシピ②	❀ レモン	1滴
	≥ ティートリー	2滴
レシピ③	❀ レモン	1滴
	≥ ティートリー	1滴
	❀ ラベンダー(真正)	1滴
レシピ④	≥ ティートリー	1滴
	⁝ レモングラス	1滴
	❀ ネロリ	1滴

日焼け・美白・シミ・しわ・乾燥

長時間、多量の紫外線に肌をさらされたり、乾燥した状態が続いたりすると、様々な肌トラブルを生じます。精油で劇的に改善することは難しいため、日々の予防と日常のケアが大切です。

●おすすめの精油

花から抽出した優しい香りの精油が中心となります。肌そのもののシステムに深く関わっているホルモンバランスや自律神経の働きを、香りでサポートしましょう。

- ❀ イランイラン
- ❀ ゼラニウム
- ≥ ティートリー
- ❀ ネロリ
- ⁝ フランキンセンス
- ❀ ラベンダー(真正)
- ❀ ローズ
- ❀ ローマンカモミール

●おすすめの使い方

 マッサージする。

●役に立つ主な成分
アルコール類／エステル類

●役に立つ主な作用

| 抗炎症作用 | 抗真菌作用 | 抗菌作用 |
| 収れん作用 | 皮脂分泌調整作用 | ホルモンバランス調整作用 |

おすすめのブレンドレシピ

	プラスするアイテム →	植物油(15mℓ)
レシピ①	❀ ゼラニウム	2滴
	❀ ラベンダー(真正)	1滴
レシピ②	❀ ラベンダー(真正)	2滴
	❀ イランイラン	1滴
レシピ③	≥ ティートリー	1滴
	❀ ローマンカモミール	1滴
	❀ ネロリ	1滴
レシピ④	❀ ラベンダー(真正)	1滴
	❀ ローズ	1滴
	⁝ フランキンセンス	1滴

疲労感・精神疲労・不安感・不眠

ストレスによる心の不調は、身体的な不調につながる場合が多々あります。リラックスできるお気に入りの香りを傍に置いておくのは、対処の第一歩。香りが心の健康をサポートします。

●おすすめの精油

優しく穏やかな甘さのある香りや、深く重さのあるウッディな香りが、心身に心地よくおすすめです。疲れや緊張、不安感を温かく包み込み、癒してくれます。

- イランイラン
- オレンジスイート
- クラリセージ
- スペアミント
- ゼラニウム
- タイムリナロール
- ネロリ
- パチュリ
- フランキンセンス
- ベティバー
- ベルガモット
- ラベンダー(真正)
- ローズ
- ローレル

●おすすめの使い方

ティッシュに精油を垂らして芳香浴する。

スプレーをつくって芳香浴する。

アロマバスに入る。

好きな部位をマッサージする。

●役に立つ主な成分
テルペン類／アルコール類／ケトン類／エステル類

●役に立つ主な作用

| 血圧降下作用 | 抗ウイルス作用 | 抗炎症作用 | 抗菌作用 | 鎮けい作用 |
| 鎮静作用 | 鎮痛作用 | 免疫強壮作用 | | |

おすすめのブレンドレシピ

	プラスするアイテム →		水(25mℓ)	天然塩など(大さじ2)	植物油(25mℓ)
レシピ①	ベルガモット	3滴	7滴	7滴	7滴
	ネロリ	1滴	3滴	3滴	3滴
レシピ②	オレンジスイート	3滴	6滴	6滴	6滴
	スペアミント	1滴	2滴	2滴	2滴
	ローレル	1滴	2滴	2滴	2滴
レシピ③	オレンジスイート		5滴	5滴	5滴
	クラリセージ		1滴	1滴	1滴
	ゼラニウム		2滴	2滴	2滴
	パチュリ		2滴	2滴	2滴
レシピ④	ベルガモット		4滴	4滴	4滴
	スペアミント		2滴	2滴	2滴
	ネロリ		2滴	2滴	2滴
	イランイラン		1滴	1滴	1滴
	ベティバー		1滴	1滴	1滴

倦怠感・気分のむら
（やる気が出ない）　（集中できない）

集中力ややる気をアップしたい時は、まず爽やかな香りの芳香浴を。可能であれば、仕事のミーティングなどでの利用もおすすめです。皆の意識が高まり、スムーズな進行が期待できます。

●おすすめの精油

すっきりとシャープさを感じる香り、レモン調のクリアな香りが、集中力アップ、やる気アップにはぴったりです。下記の精油は比較的、男女を問わず好まれる香りです。

- ペパーミント
- レモン
- レモングラス
- ローズマリーシネオール

●おすすめの使い方

- ティッシュに精油を垂らして芳香浴する。
- スプレーをつくって芳香浴する。
- アロマバスに入る。
- 好きな部位をマッサージする。

●役に立つ主な成分
テルペン類／アルコール類／ケトン類／エステル類

●役に立つ主な作用

| 去たん作用 | 血圧上昇作用 | 抗ウイルス作用 | 抗炎症作用 |
| 抗菌作用 | 循環促進作用 | 鎮痛作用 | 免疫強壮作用 |

おすすめのブレンドレシピ

	プラスするアイテム →		水（25㎖）	天然塩など（大さじ2）	植物油（25㎖）
レシピ①	レモン	3滴	7滴	7滴	7滴
	ローズマリーシネオール	1滴	3滴	3滴	3滴
レシピ②	レモン	3滴	5滴	5滴	5滴
	ペパーミント	2滴	3滴	3滴	3滴
	レモングラス	1滴	2滴	2滴	2滴
レシピ③	レモン		5滴	5滴	5滴
	ペパーミント		1滴	1滴	1滴
	ローズマリーシネオール		2滴	2滴	2滴
	レモングラス		2滴	2滴	2滴

PMS・月経痛
（月経前症候群）

ホルモンバランスの変化や自律神経のバランスが崩れやすい、月経前や月経時。
女性特有のつらいこの症状の緩和には、優しく甘い香りが役立ってくれます。

●おすすめの精油

フローラルを中心に、優しくて甘い香りが心身のつら
さを助けます。普段は甘い香りが苦手でも、月経前に
なると好きになるという方も。それが精油がもたら
す香りの効能を表しています。

- ✿ イランイラン
- ✿ オレンジスイート
- ✿ カルダモン
- ✿ クラリセージ
- ✿ ゼラニウム
- ✿ ネロリ
- ✿ フランキンセンス
- ✿ ベティバー
- ✿ ベルガモット
- ✿ マージョラム
- ✿ ユーカリプタス ラディアータ
- ✿ ローズ
- ✿ ローマン カモミール

●おすすめの使い方

 ティッシュに精油を
垂らして芳香浴する。

 スプレーをつくって
芳香浴する。

 アロマバスに入る。

 好きな部位を
マッサージする。

●役に立つ主な成分
テルペン類／アルコール類／エステル類

●役に立つ主な作用

| 抗炎症作用 | 抗菌作用 | 抗真菌作用 | 収れん作用 |
| 鎮けい作用 | 鎮静作用 | ホルモンバランス調整作用 | |

おすすめのブレンドレシピ

プラスするアイテム →			水（25㎖）	天然塩など（大さじ2）	植物油（25㎖）
レシピ①	✿ ベルガモット	3滴	7滴	7滴	7滴
	✿ ネロリ	1滴	3滴	3滴	3滴
レシピ②	✿ オレンジスイート	3滴	5滴	5滴	5滴
	✿ クラリセージ	1滴	2滴	2滴	2滴
	✿ ゼラニウム	2滴	3滴	3滴	3滴
レシピ③	✿ オレンジスイート		5滴	5滴	5滴
	✿ カルダモン		2滴	2滴	2滴
	✿ ローズ		1滴	1滴	1滴
	✿ ベティバー		2滴	2滴	2滴
レシピ④	✿ ベルガモット		3滴	3滴	3滴
	✿ ユーカリプタス ラディアータ		2滴	2滴	2滴
	✿ ネロリ		2滴	2滴	2滴
	✿ イランイラン		1滴	1滴	1滴
	✿ フランキンセンス		2滴	2滴	2滴

更年期とは？

「更年期」は、閉経を迎えた誰もが通る道です。その感じ方や症状には個人差があり、生活が困難にさえ感じる人も。症状緩和には自分に合ったケアの選択が重要です。

30代から症状は出始め、50代からさらに顕著に

厚生労働省における女性の健康推進室からも、30代から40代にかけての月経関連の症状として、月経困難症、月経不順、無月経、月経前緊張症候群、月経前不快気分障害、子宮内膜症や子宮筋腫、子宮頸がん、妊娠、出産、不妊、乳がん、甲状腺の病気、摂食障害またそれぞれに付随した、メンタルバランスの不調和や、自律神経のバランスを崩すことで生じる症状が顕著に現れ始めるとされています。更年期は主に症状として感じる時期が45〜55才であると定義されています。

ホルモンの減少によって様々な不調和が生じます

更年期の症状は、卵巣機能の低下によって急激にエストロゲンの分泌が減り始めることで、ホルモンバランスや心身の不調が表れます。エストロゲンは、体型、髪や肌のハリやコシやツヤ、骨密度、筋力維持や免

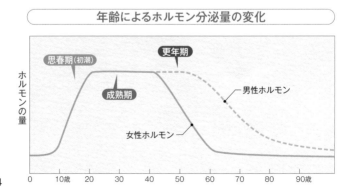

年齢によるホルモン分泌量の変化

疫強化、子宮の働きを活発に保つなどのホルモンバランスの調整と共に、心身のバランスとホメオスタシス（恒常性）に関わる自律神経の安定など、自動的に私たちにとってとても大切な役割を担っています。

そのため、こうした変化に伴い、肌のかゆみや乾燥、高血圧、関節などの痛みやこわばり、めまいや不眠、集中力の低下や長期的なイライラ、腰痛や寝汗、不安、膣の乾燥による性交痛、性欲の低下まで、様々な不調和が生じてきます。

「自分の心と身体」に向き合うことが、改善の第一歩に

更年期に生じる不調和には、かなりの個人差があります。「自分を意識すること」、丁寧に「自分の心と身体」に向き合う準備を行うこと、またすでに更年期の不調和を感じている方も、自分の中に生じていることとして、「自分の心と身体」に向き合うことが大切な要素となります。

特に、更年期の症状は、イライラがつのる、怒りっぽくなる、落ち着きがなくなる、涙が止まらないなど、感情をコントロールできなくなるメンタル面での不調和が顕著です。そこに忙しさや抑圧、混乱などが重なり、よりその症状を重く感じ、辛く感じている人が少なくありません。

毎日の「今」を積み重ねていくことが大切です

年齢を経るにつれ、女性は特に想像以上にコントロールできない部分が生じます。そのことを予測して意識し、毎日の「今」を積み重ねていくことが、「未来」の心と身体をつくる結果となっていきます。

そして何より、未来の生活よりもまずは「今」の生活や環境の改善を心がけましょう。食事を見直したり、自分への「投資」の意識を持ったり、自分自身への取り組みを行うことが大切です。

自分が最高の友人となって向き合ってみましょう

　すでに症状を感じている方は、まずは自分に意識をしっかりと向けることが何よりです。今の自分の心と身体にとって重要なケアは何か、どんなケアならできるのか、まずは自分が自分自身の最高の友人となって向き合ってみましょう。また、継続的な治療には何が可能なのか、治療以外のケアではどんなことができるのか等、他人と話して整理することもサポートになります。

一次的な治療は悩みや重みがさらに負担になる場合も

　強制的な治療や、他人が推奨する方法だけの実践は、一瞬しか変化を感じられないことも多く、おすすめできません。こうした一時的な治療法を続けていると、それが更なる悩みや重みとなり、負担となってしまうケースも。自分で持続できない方法で健康や予防を積み上げることは、なかなかできません。だからこそ、自分に合ったケアを自分自身で見極めることが重要となります。

　自分自身に意識を向け、自分を解放できるものは何かを考えることがスタートです。心と身体のバランスを保つための不調和改善には、他人や誰かのアドバイスに頼るだけでは実現しません。自分にとって継続できる納得したケアや取り組みであるかどうか、自分自身にしっかりと問いかけることが大切です。

更年期
（ほてり・のぼせ・多汗・息切れ・動悸等）

女性ホルモンの減少から起こる様々な不調和には、ホルモンのバランスを整える
アロマセラピーのケアが効果的です。優しく寄り添ってくれる精油でサポートを。

●おすすめの精油

女性らしさを感じる、まったりと甘い花の香りや、深呼
吸を促すようなどっしりとした深みのある香りが、様々
な不調を抱えて疲れてしまった心身を優しく包みます。

- 🌸 イランイラン
- 🌼 オレンジスイート
- 🌿 カルダモン
- 🌿 クラリセージ
- 🌼 グレープフルーツ
- 🌿 サンダルウッド
- 🌸 ジャスミン
- 🌿 ジュニパーベリー
- 🌿 スペアミント
- 🌸 ゼラニウム
- 🌸 ネロリ
- 🌸 パチュリ
- 🌲 フランキンセンス
- 🌸 ベティバー
- 🌼 ベルガモット
- 🌸 ローズ

●おすすめの使い方

 ティッシュに精油を
垂らして芳香浴する。

 スプレーをつくって
芳香浴する。

 アロマバスに入る。

 好きな部位を
マッサージする。

●役に立つ主な成分
テルペン類／アルコール類／エステル類

●役に立つ主な作用

| 抗炎症作用 | 抗菌作用 | 抗真菌作用 | 収れん作用 |
| 鎮けい作用 | 鎮静作用 | ホルモンバランス調整作用 | |

おすすめのブレンドレシピ

プラスするアイテム →		💧	🧴	🛁	💧
			水（25mℓ）	天然塩など（大さじ2）	植物油（25mℓ）
レシピ①	🌼 オレンジスイート	3滴	7滴	7滴	7滴
	🌸 ローズ	1滴	3滴	3滴	3滴
レシピ②	🌼 ベルガモット	3滴	5滴	5滴	5滴
	🌿 カルダモン	1滴	2滴	2滴	2滴
	🌸 ネロリ	2滴	3滴	3滴	3滴
レシピ③	🌼 グレープフルーツ		4滴	4滴	4滴
	🌿 ジュニパーベリー		2滴	2滴	2滴
	🌸 ローズ		1滴	1滴	1滴
	🌸 パチュリ		3滴	3滴	3滴
レシピ④	🌼 オレンジスイート		4滴	4滴	4滴
	🌿 スペアミント		2滴	2滴	2滴
	🌸 ネロリ		1滴	1滴	1滴
	🌸 イランイラン		1滴	1滴	1滴
	🌿 サンダルウッド		2滴	2滴	2滴

50音順 精油の索引 & 症状別 セルフケアリスト

日常に役立つケア

	精油名	ページ	頭痛	高血圧	低血圧	目の疲れ	副鼻腔炎	花粉症	せき・のどの痛み	歯周病	肩こり	乗り物酔い	食べすぎ	おなかの不調和	腰痛	冷え	筋肉痛	打ち身	すり傷	虫よけ
ア	イランイラン	136		●																
	ウインターグリーン	089									●				●		●			
	オレンジスイート	038		●										●						
	オレンジペティグレン	122																		
カ	カカオ	162																		
	カユプテ	072					●	●	●							●				
	カルダモン	100			●							●		●		●				
	クラリセージ	112		●		●														
	グリーンマンダリン	049		●							●			●						
	グリーンレモン	046	●					●			●	●		●		●				
	グレープフルーツ	042									●	●	●			●				
	クレメンティン	051												●						
	クローブ	128					●		●	●										
	クロモジ(黒文字)	130		●							●					●	●			
	月桃	091	●		●		●	●	●							●				
	コーヒー	161																		
	コーンミント(和ハッカ)	080					●	●												
	コリアンダーリーフ	090											●	●						
サ	サイプレス	114									●				●		●		●	
	サンダルウッド	152		●																
	シダーウッド	154	●						●											
	シトロネラ	083																		●
	シトロン	047																		
	シナモンバーク	145							●							●				
	シナモンリーフ	088							●											
	ジャーマンカモミール	108																●	●	
	ジャスミングランディフローラム	141																		
	ジャスミンサンバック	140																		
	ジュニパーベリー	116									●				●	●				
	ジンジャー	096									●		●	●	●	●				
	スプルースブラック	086	●				●	●	●		●				●	●				
	スペアミント	079			●		●	●	●							●				
	ゼラニウム	104		●							●									
タ	タイムゲラニオール	119	●	●							●									
	タイムティモール	120					●			●										
	タイムリナロール	118	●	●							●					●				
	ティートリー	068					●	●	●	●										
	トドマツ(モミ)	092	●		●		●		●						●	●				
ナ	ニアウリ	071					●	●	●					●		●				
	ネロリ	142	●	●																
	ネロリナ	094	●				●	●	●		●				●	●				
ハ	パインスコッツ	085	●				●	●	●		●				●	●				
	バジル	077				●							●	●						
	パチュリ	156	●																	
	バニラ	160																		

日常に役立つケア											スキンケア									メンタルケア				ウーマンズケア							おりもの
キッチンやけど	消毒	空気清浄	安眠	疲労回復	免疫力アップ	抗感染	デトックス	倦怠感	睡眠不足	時差を整える	頭皮ケア	ふけ	ストレス性湿疹	水虫	しもやけ	油脂肌	乾燥肌	敏感肌	コンビネーション肌	集中力アップ	緊張・プレッシャー	イライラ感	呼吸を整える	ホルモンバランス	妊活	妊娠期（12週以降）	分娩時	月経痛（生理痛）	PMS	更年期症状	おりもの
				●	●														●					●	●	●		●	●	●	
							●																								
			●	●	●				●												●	●	●			●					
	●	●		●	●											●												●			
					●				●								●			●				●	●			●			
				●																											
			●																●												
●	●		●	●	●	●	●			●																					
			●						●								●			●									●	●	
●	●			●																											
			●						●	●									●	●						●					
	●		●							●							●			●											
		●																		●	●										
			●		●																										
	●	●		●															●					●	●	●		●	●	●	
																											●				
		●	●		●							●							●		●	●		●		●					
				●								●	●					●	●												
																			●												
	●	●		●						●																					
	●	●																					●								
	●	●		●										●		●															
			●	●						●													●						●	●	
			●	●						●													●						●	●	
			●		●				●	●																					
			●	●	●				●																						
			●	●		●		●											●												
			●	●			●		●	●														●				●	●		
				●						●		●		●				●	●	●		●	●					●	●		
●	●																														
		●	●							●							●												●	●	
		●	●	●						●		●	●		●		●														●
		●	●									●	●		●					●											
		●	●					●																							
			●	●					●	●							●	●						●	●			●	●	●	
				●	●																	●	●								
	●	●		●															●												
					●					●	●																				
										●																					
																					●	●	●								

269

50音順 精油の索引 & 症状別 セルフケアリスト

	精油名	ページ	頭痛	高血圧	低血圧	目の疲れ	副鼻腔炎	花粉症	せき・のどの痛み	歯周病	肩こり	乗り物酔い	食べすぎ	おなかの不調和	腰痛	冷え	筋肉痛	打ち身	すり傷	虫よけ
ハ	パルマローザ	127		●																
	ヒノキ	166																		
	ヒバ(ヒノキアスナロ)	165																		●
	フェンネル	124		●																
	ブッダウッド	163																		
	フラゴニア	074	●	●		●	●				●					●	●			
	ブラックペッパー	098									●		●	●	●	●				
	フランキンセンス	146					●	●												
	ブルーサイプレス	164																		
	ペティグレン	121	●	●												●				
	ベティバー	155											●	●						
	ペパーミント	078			●	●	●	●												
	ベルガモット	040	●	●																
	ベンゾイン	157		●									●	●						
	ホワイトクンジィア	095																		
マ	マージョラム	110	●																	●
	マートル	126																		
	マンダリンペティグレン	123																		
	ミルラ	158					●	●												
	メイチャン	084																		●
	メリッサ	093																		●
ヤ	ヤロー	129																●	●	
	ユーカリプタス グロビュラス	062																		
	ユーカリプタス シトリオドラ	063					●													●
	ユーカリプタス ラディアータ	060	●				●	●	●							●				
	ゆず	052																		
ラ	ライム	050																		
	ラバンディン	066	●	●			●	●	●		●				●	●	●			
	ラベンサラ	087					●	●	●		●				●	●	●			
	ラベンダー(真正)	106	●	●							●					●	●	●	●	
	ラベンダースパイク	064		●			●	●	●							●				
	リンデンブロッサム	144																		
	レッドマンダリン	048	●	●									●	●						
	レモン	044	●				●	●	●		●				●					
	レモングラス	082																		●
	レモンティートリー	073		●		●					●				●	●	●			
	レモンペティグレン	076						●									●			●
	レモンマートル	081		●				●			●									●
	ローズ(ローズ オットー、ローズ アブソリュート)	134																		
	ローズマリーカンファー	058		●							●				●	●	●			
	ローズマリーシネオール	056		●			●	●	●						●	●	●			
	ローズマリーベルベノン	059		●				●								●				
	ローマンカモミール	138	●	●										●						
	ローレル	125											●							
	ロザリナ	070					●	●	●	●						●	●			

日常に役立つケア											スキンケア									メンタルケア				ウーマンズケア							
キッチンやけど	消毒	空気清浄	安眠	疲労回復	免疫力アップ	抗感染	デトックス	倦怠感	睡眠不足	時差を整える	頭皮ケア	ふけ	ストレス性湿疹	水虫	しもやけ	油脂肌	乾燥肌	敏感肌	コンビネーション肌	集中力アップ	緊張・プレッシャー	イライラ感	呼吸を整える	ホルモンバランス	妊活	妊娠期（12週以降）	分娩時	月経痛（生理痛）	PMS	更年期症状	おりもの
		●			●														●					●					●	●	●	
	●	●	●			●	●		●													●										
	●	●				●	●																								
		●			●														●	●	●								●		●	
		●		●	●				●										●						●	●					
			●	●		●																				●				●	
	●	●	●			●		●		●							●	●	●	●	●	●		●							
●	●		●																●					●							
●	●	●			●														●		●	●		●							
●	●																		●					●							
●	●	●			●	●	●												●							●	●	●		●	
●	●	●			●																●	●	●	●							
●	●				●																●	●									
	●				●	●													●												
	●				●	●																									
	●	●			●																			●							
	●	●			●	●					●	●	●					●	●					●						●	
	●				●	●	●							●								●		●					●	●	
	●					●																●									
	●	●			●									●	●				●												●
	●	●			●																		●								
	●	●				●			●	●																●					
	●	●	●			●	●																					●		●	
	●	●	●		●	●																									
	●	●	●			●																									
●	●		●		●								●							●				●		●	●	●	●	●	●
	●		●			●														●											
																					●	●									
	●	●	●			●				●									●					●	●	●			●		●
●	●	●	●		●					●									●	●				●			●	●			
●	●	●			●			●	●																						
●	●		●		●							●							●												
●	●		●		●							●							●												
	●		●	●				●	●								●	●	●	●			●	●			●	●	●	●	
	●	●			●	●			●														●								
●	●		●		●																		●								
			●			●													●		●	●					●			●	
	●	●	●		●														●		●									●	
	●	●		●	●										●															●	
	●	●			●													●						●							

271

[著者]

アネルズあづさ　Azusa Annells

医学博士
株式会社Blue ink代表取締役
グローバルオーガニックフォーミュレーター
プロフェッショナルアロマセラピスト / クリニカルマタニティアロマセラピスト
自律神経バランスアロマセラピープロフェッショナル
東海大学体育学部体育学科卒業
弘前大学大学院医学研究科産婦人科学専攻

大学4年時まで競技において全日本および国体大会に出場する中で、スポーツおよびスポーツ心理を学びアロマセラピーとスポーツ選手のパフォーマンスに関連する研究を知る。大学卒業後、英国ITHMA認定プロフェッショナルアロマセラピーコース、妊産婦とベビーの補完療法を中心として3年半の英国留学後、2000年に前身となる有限会社アロマティークを設立。産婦人科内でのアロマセラピー分娩ケアを推進し、医療従事者および一般向けの講座やセミナーを行う一方で、ハリウッド映画「パフューム」や著名人、大企業の専属フォーミュレーターに選ばれるなど、日本における精油ブレンディングの第一人者として活躍。女性や子供の健康と自律神経バランス、アロマセラピーの活用を専門とし、研究にも力を入れている。
英国卒業校：The Institute of Traditional Herbal Medicine and Aromatherapy卒業（IFPA取得-前RQA取得）/ The Raworth Centre卒業（IFA / ITEC取得）
著書に『アネルズあづさの精油ブレンドバイブル』（河出書房新社）などがある。

https://www.aromatiqueorganics.jp

装丁デザイン ● 西田美千子
本文デザイン ● コヤマカズミ
撮影 ● 久保寺誠、前田一樹
植物撮影 ● アネルズあづさ
画像協力 ● 株式会社Blue ink、
Shutterstock.com

モデル ● 蜂巣あづさ
編集協力・ライター ● 成田すず江、藤沢せりか（株式会社テンカウント）
　　　　　　　　　　成田泉（有限会社ラップ）、川原好恵、
　　　　　　　　　　小澤郁子（株式会社Blue ink）
編集担当 ● 梅津愛美（ナツメ出版企画株式会社）

香りを楽しむ 特徴がわかる アロマ図鑑

2023年　1月　4日　初版発行

著　者	アネルズあづさ	©Annells Azusa,2023
発行者	田村正隆	
発行所	**株式会社ナツメ社**	
	東京都千代田区神田神保町1-52 ナツメ社ビル1F（〒101-0051）	
	電話 03-3291-1257（代表）　FAX 03-3291-5761	
	振替 00130-1-58661	
制　作	**ナツメ出版企画株式会社**	
	東京都千代田区神田神保町1-52 ナツメ社ビル3F（〒101-0051）	
	電話 03-3295-3921（代表）	
印刷所	ラン印刷社	

ISBN978-4-8163-7298-8　　　　　　　　　　Printed in Japan

ナツメ社Webサイト
https://www.natsume.co.jp
書籍の最新情報（正誤情報を含む）は
ナツメ社Webサイトをご覧ください。

本書に関するお問い合わせは、書名・発行日・該当ページを明記の上、下記のいずれかの方法にてお送りください。電話でのお問い合わせはお受けしておりません。

・ナツメ社webサイトの
　問い合わせフォーム
　https://www.natsume.co.jp/
　contact
・FAX（03-3291-1305）
・郵送（左記、ナツメ出版企画
　株式会社宛て）

なお、回答までに日にちをいただく場合があります。正誤のお問い合わせ以外の書籍内容に関する解説・個別の相談は行っておりません。あらかじめご了承ください。